반려동물과 함께
살아가면서
꼭 알아야 할

견犬생법률

이진홍

박영story

서 문

　　나의 반려인이자 보호자로서의 운명의 날의 시작은 2017년 6월 28일로 거슬러 올라간다. 아내 강유리(강씨네사진관 대표)와 당시 2살 크루(블랙 래브라도 리트리버)의 만남으로 무지했던 반려견의 반려인이자 보호자로서의 삶이 시작되었다. 당시 아내에게 잘 보이겠다는 일념과 크루와 평생을 함께 살아가지 않으면 결혼을 하지않겠다던 아내를 설득하기 위해 "어릴 적부터 강아지를 키워왔고, 배변 훈련이 되지 않아 가둬 놓아 낑낑대는 강아지를 위해 화장실에서 며칠 밤을 새워 보살피며 보냈다."는 등등의 추억을 일화로 들며 평생을 함께하겠다는 반려인이자 보호자로서의 삶을 맹세하고 시작하였다.

　　이후 나는 법학자로서 반려동물에 대한 전문적인 법적 지식을 제공하겠다는 야심찬 꿈을 키워가며 현재의 건국대학교로 임용되면서 반려동물에 대한 법률 지식의 탐구를 통해 교육을 진행하고 전문적인 법률상담을 위해 국내 최초의 반려동물 법률상담센터를 설립(노영희 교수님, 박상진 교수님께 감사드립니다.)하였다.

　　그 후 새로운 만남으로 과수원 등으로 팔려가는 운명의 8둥이 중 생후 2월령인 동키(진도 믹스)를 입양하여 데리고 오면서 두 아이의 반려인이자 보호자가 되었다. 이렇게 이제는 아이들을 돌봄으로서 나의 삶은 내가 아닌 크루와 동키를 위한 삶으로 변화되어 함께 살아가는 아직은 더욱 노력해야 하지만 조금이나마 진정한 반려인이자 보호자가 되어가고 있다고 생각한다. 그래서 크루와 동키(크동이)는 나에게는 기존의 그냥 동물에서 반려와 생명의 개념을 넣은 진정한 가족이 되었다.

이번에 집필한 견(犬)생법률은 우리 가족의 첫째인 크루와 둘째인 동키 그리고 반려인이자 보호자인 나와 아내가 함께 살아가면서 반드시 알아야 할 생활 속의 법률책이라고 할 수 있다. 앞으로 나는 크루와 동키의 견생에 있어 아름답게 살아갈 수 있는 법률생활에 대해서 지속적으로 탐구하고자 한다. 특히 이번 견(犬)생법률은 '법제처 찾기 쉬운 생활법령정보'를 참고로 수정ㆍ보완하여 작성하였다.

마지막으로 '견(犬)생법률'을 발행할 수 있도록 도움을 주신 많은 모든 분들에게 감사의 마음을 담아 그 뜻을 전하며, 그중에서도 크루와 동키(크동이)를 만나게 해주고 모든 사진을 제공해준 사랑스런 아내 강유리(강씨네사진관 대표)님에게 특별한 감사를 표합니다. 또한 '견(犬)생법률'의 주인공이 되어준 크루(블랙 래브라도 리트리버)와 동키(진도 믹스)인 크동이에게도 감사를 표하며 앞으로 반려인이자 보호자로서 열심히 하겠다는 다짐을 합니다. 그리고 물심양면 응원해 주신 가족에게 감사드리며, 감사의 마음이 전달되는 모든 분들에게 감사드립니다.

2020년 12월 크리스마스 사랑이 가득한 우리 가족의 보금자리에서

이진홍

견(犬)생법률은 '법제처 찾기 쉬운 생활법령정보(https://www.easylaw.go.kr)'를
참고로 수정 · 보완하여 작성하였습니다.

차 례

제1장

반려동물의 이해

반려동물에 대한 정의, 대상, 법적 지위 등에 대해서 설명합니다.

'동물보호법'(제2조(정의) 1의3)에 따른 반려동물의 정의

"반려동물"[1]이란 반려(伴侶) 목적으로 기르는 개, 고양이 등 농림축산식품부령 (개, 고양이, 토끼, 페럿, 기니피그 및 햄스터)[2]으로 정하는 동물을 말합니다.

반려동물과 관련된 법은 '동물보호법'으로 1991년 5월 31일 법률 제4379호로 제정되어 1991년 7월 1일부터 시행되었습니다. 수차례 개정을 거쳐 지금에 이르고 있습니다.

---

1 동물보호법[시행 2020. 8. 12.] [법률 제16977호, 2020. 2. 11., 일부개정] 제2조(정의) 1의3.

2 동물보호법 시행규칙[시행 2020. 12. 1.] [농림축산식품부령 제457호, 2020. 12. 1., 타법개정] 제1조의2(반려동물의 범위).

동물보호법의 제정과 개정

[제정] 동물보호법(1991. 5. 31.)

동물보호법

[시행 1991. 7. 1.] [법률 제4379호, 1991. 5. 31., 제정]

【제정 · 개정이유】

동물을 적정하게 보호 · 관리하기 위하여 필요한 사항을 정함으로써 동물에 대한
학대행위를 방지하고 국민의 동물보호정신을 함양하려는 것임.

① 누구든지 동물을 양육 · 관리 또는 보호함에 있어서는 그 동물이 본래의 습성을
   유지하면서 정상적으로 살 수 있게 노력하도록 함.

② 동물을 합리적인 이유없이 죽이거나, 잔인하게 죽이거나 동물에게 불필요한 고
   통을 주는 등의 동물학대행위를 금지함.

③ 시 · 도는 유기동물의 보호 · 관리에 필요한 사항을 조례로 정하도록 하고, 시
   장 · 군수 · 구청장은 이에 따라 유기동물을 보호 · 관리하되 그 소요경비는 그
   동물의 소유자 및 관리자로부터 받을 수 있도록 함.

④ 동물을 죽이지 아니하면 아니 되는 경우에는 가능한 한 고통을 주지 아니하도록
   하고, 거세 · 제각 · 단미 등 동물에 대한 외과적인 수술을 하는 경우에는 수의학
   적 방법에 의하도록 함.

[개정] 동물보호법(2020. 2. 11.)

동물보호법

[시행 2021. 2. 12.] [법률 제16977호, 2020. 2. 11., 일부개정]

【제정 · 개정이유】

동물과 사람의 안전한 공존을 위하여 맹견 소유자로 하여금 맹견보험에 가입하도
록 하는 한편, 동물의 유기와 학대를 줄이기 위하여 등록대상동물 판매 시 동물판
매업자가 구매자 명의로 동물등록 신청을 하도록 하고, 동물을 유기하거나 죽음에
이르게 하는 학대행위를 한 자에 대한 처벌을 강화하며, 그 밖에 신고포상금제를
폐지하는 등 현행 제도 운영상 나타난 일부 미비점을 개선 · 보완하려는 것임.

반려동물에 '생명'의 개념을 결합한 정의

반려(伴侶)동물이란 '인간과 정신적 유대와 애정, 즉 정서적 교감을 나누고 더불어 살아가는 장난감 등의 물건이 아닌 생명으로서의 동물'이라고 정의합니다.[3]

• 반려(伴侶) – 반(伴 – 짝 반), 려(侶 – 짝 려): 짝이 되는 동무

국립축산과학원의 반려동물 정의

반려(伴侶)동물이란 사람과 더불어 사는 동물로 동물이 인간에게 주는 여러 혜택을 존중하여 사람의 장난감이 아닌 더불어 살아가는 동물이라는 의미에서 반려동물이라고 합니다.[4]

반려동물(Companion animal)이란 단어는 1983년 10월 오스트리아 과학아카데미가 동물 행동학자로 노벨상 수상자인 K. 로렌츠의 80세 탄생일을 기념하기 위하여 주최한 '사람과 애완동물의 관계(the human–pet relationship)'라는 국제 심포지엄에서 최초로 사용되었습니다. 사람이 동물로부터 다양한 도움을 받고 있음을 자각하고 동물을 더불어 살아가는 반려상대로 인식한 것입니다.

---

3 이진홍 · 장교식, '반려동물 양육을 위한 사전의무교육제도 도입에 관한 연구', 일감법학 제44호, 2019.

4 국립축산과학원 – 반려동물(http://www.nias.go.kr/companion/index.do) 참조.

반려동물 정의의 변화

반려동물의 표현은 장난감이나 유희로 표현되었던 과거의 애완동물(Pet animal)에서 정서적 교감을 나누고 더불어 살아가는 의미로의 반려동물(Companion animal)로 표현이 변화되었습니다.[5]

애완동물(PET)의 '완'자가 '완구류(장난감)' 할 때의 완(玩), 즉 반려동물을 '희롱하다, 가지고 놀다'의 뜻으로 해석할 수 있기 때문에 반려동물이라고 불러야 합니다.

또한 완월장취(玩月長醉)에 '달을 벗 삼아 오래도록 술을 마신다'는 뜻이 있듯이 이미 애완동물에 '벗, 친구'라는 뜻이 포함되어 반려동물로 불러야 합니다.

외국에서의 반려동물의 정의

미국, 일본, 영국, 독일 등의 국가에서 반려동물이라는 개념을 구체적으로 정의하고 있지 않으나 특징적으로 프랑스의 경우 '인간이 즐거움을 위하여 보유하거나 보유하게 된 모든 동물'로 규정하고 있으며 각 국가마다 그 범위를 달리하여 차이가 있습니다.

---

5 국립축산과학원 – 반려동물(http://www.nias.go.kr/companion/index.do) 참조.

세계적 국민 소득수준에 따른 반려동물 문화발전 단계[6]

반려동물 관련 시장은 매년 2 자릿수 이상의 높은 성장률을 보이고 있으며 우리나라 1인당 국민소득은 3만불 시대를 넘어서고 있습니다.

반려동물을 대하는 전반적인 사회적 인식의 변화가 나타나고 있으며 국내도 반려동물의 인격화가 되어가는 문화의 프리미엄이 형성되고 있습니다.

---

6 국립축산과학원 – 반려동물(http://www.nias.go.kr/companion/index.do) 참조.

반려동물의 대상

반려(伴侶)동물이라고 하면 사람과 더불어 사는 동물로 장난감이 아닌 더불어 살아가는 동물인 개, 고양이, 토끼, 기니피그, 돼지, 닭, 오리, 앵무새, 도마뱀, 이구아나, 사슴벌레, 금붕어 등 그 종류를 불문하고 모두 반려동물이라고 할 수 있습니다.

반려동물의 범위

반려동물과 관련된 개별법률에서 정하고 있는 동물의 범위는 약간씩 차이는 있지만 개와 고양이는 공통적으로 포함되어 있습니다.

주요 관련법	동물의 범위
「동물보호법」	• "동물"이란 고통을 느낄 수 있는 신경체계가 발달한 척추동물로서 포유류, 조류, 파충류, 양서류 및 어류(다만, 식용(食用)을 목적으로 하는 것은 제외함)를 말합니다(「동물보호법」 제2조 제1호 및 「동물보호법 시행령」 제2조). • 또한 반려동물은 개, 고양이, 토끼, 페럿, 기니피그 및 햄스터를 말합니다(「동물보호법」 제2조(정의) 1의3, 「동물보호법 시행규칙」 제1조의2(반려동물의 범위).
「가축전염병 예방법」	개, 고양이, 소, 말, 당나귀, 노새, 면양·염소[유산양(乳山羊: 젖을 생산하기 위해 양육하는 염소)을 포함]), 사슴, 돼지, 닭, 오리, 칠면조, 거위, 토끼, 꿀벌, 타조, 메추리, 꿩, 기러기, 그밖에 양육하는 동물 중 가축전염병이 발생하거나 퍼지는 것을 막기 위하여 필요하다고 인정하여 농림축산식품부장관이 정하여 고시하는 동물: 현재 정해진 것 없음(「가축전염병 예방법」 제2조 제1호, 「가축전염병 예방법 시행령」 제2조).

주요 관련법	동물의 범위
「수의사법」	개, 고양이, 소, 말, 돼지, 양, 토끼, 조류, 꿀벌, 수생동물, 노새, 당나귀, 친칠라, 밍크, 사슴, 메추리, 꿩, 비둘기, 시험용 동물, 그 밖에서 앞에서 규정하지 아니한 동물로서 포유류, 조류, 파충류 및 양서류(「수의사법」 제2조 제2호, 「수의사법 시행령」 제2조)
「소비자분쟁해결기준」	개, 고양이(「소비자분쟁해결기준」(공정거래위원회고시 제2020-16호, 2020. 11. 13. 일부개정) 별표 Ⅱ 제29호]

반려견의 종류(분류)[7]

구분	소형견	중형견	대형견
성견	몸무게가 10kg 미만의 자견(성견: 생후 2년 이상 된 자견) 중형견이나 대형견에 비해 활동성이 크고 흥분성이 높습니다.	몸무게가 10kg~25kg 미만	몸무게가 25kg 이상
장점	크기가 작다보니 식사량과 배설량이 적으며 야외활동에 대한 이동이 편합니다.	소형견보다 흥분도가 낮습니다.	성격이 차분하며 흥분도가 낮습니다.
단점	낯선 대상에게 많이 짖으며 흥분을 자주 합니다.	집안활동만으로는 한계가 있으므로 반드시 아침저녁 30분 정도 운동을 시켜줘야 합니다.	사료량이나 배설량이 많고(배변 운동 필수), 성량이 크기 때문에 한번 짖으면 울림이 큽니다.
친숙 반려견	• 포메라니안 • 푸들 • 요크셔테리어 • 치와와 • 닥스훈트 • 페키니즈 • 시추 • 말티즈	• 시바이누 • 미니어처 슈나우저 • 제페니즈 스피츠 • 불독 • 웰시코기 펨브로크 • 보더콜리 • 아메리칸 코커스파니엘 • 비글	• 말라뮤트 • 도베르만 • 롯트와일러 • 러프콜리 • 사모예드 • 세퍼트 • 허스키 • 골든리트리버
국내 토종 반려견	• 진돗개 • 풍산개	• 삽살개 • 오수개	• 제주개 • 경주개동경이

* 반려견의 종류(분류)는 국립축산과학원의 자료를 인용하였습니다.

---

7 국립축산과학원 – 반려동물(http://www.nias.go.kr/companion/index.do) 참조.

반려동물 법적 지위

- 현재 법률상 반려동물은 권리(소유권)의 객체로서 '물건'에 해당합니다.
- 주요 관련법인 민법, 형법에 있어 반려동물은 '물건', '재산'으로 취급됩니다.
- 최근에는 반려동물에 '생명'의 개념을 부여하는 움직임이 있습니다.

민법

민법상 제98조(물건의 정의)에서 물건은 '유체물 및 전기 기타 관리할 수 있는 자연력'으로 규정하고 있으며, 제252조(무주물의 귀속) 제3항은 '야생하는 동물은 무주물로 하고 사양하는 야생동물도 다시 야생 상태로 돌아가면 무주물로 한다'라고 규정하고 있습니다. 또한 제759조(동물의 점유자의 책임)에 있어서도 '동물의 점유자는 그 동물이 타인에게 가한 손해를 배상할 책임이 있다'라고 규정하여 반려동물이 '물건'이라는 것을 규정하고 있습니다.

형법

　　형법상에서도 동물은 재물에 해당되어 타인 소유의 동물을 학대한 경우에는 형법 제366조(재물손괴 등)의 재물손괴죄가 성립되고 이에 따라 반려동물은 재물로서 인간이 소유하는 재산 및 물건에 해당합니다.

〈반려동물의 법적 지위에 대한 주요 관련법〉

	주요 관련법	내용
민법	제98조(물건의 정의)	물건은 '유체물 및 전기 기타 관리할 수 있는 자연력'으로 규정
	제252조(무주물의 귀속) 제3항	'야생하는 동물은 무주물로 하고 사양하는 야생동물도 다시 야생 상태로 돌아가면 무주물로 한다'고 규정
	제759조(동물의 점유자의 책임)	'동물의 점유자는 그 동물이 타인에게 가한 손해를 배상할 책임이 있다'고 규정
형법	제366조(재물손괴 등)	타인의 재물, 문서 또는 전자기록 등 특수매체기록을 손괴 또는 은닉 기타 방법으로 기 효용을 해한 자는 3년 이하의 징역 또는 700만 원 이하의 벌금에 처한다.

제2장

반려동물의 양육

반려동물 양육, 즉 입양, 구입, 분양, 피해보상 등에 대해서 설명합니다.

반려동물 양육의 정의

반려동물의 양육은 '반려동물을 기르는 것, 보살펴서 자라게 한다' 등의 의미를 가집니다.

반려동물의 양육은 동물로서는 사육이라고 해야 하지만 이제는 정신적 유대와 애정, 즉 정서적 교감을 나누는 생명인 반려동물과 더불어 살아가는 것을 의미하며, 반려동물 양육인구가 늘어남에 따라 사회적 · 문화적 · 산업적 등의 여러 가지 측면에서 변화가 나타나고 있습니다.

반려동물 양육의 방법

반려동물의 양육방법으로는 동물보호센터(유기동물보호센터) 등에서 데려오는 '입양', 동물판매업소(펫샵) 등에서 데려오는 '구입', 일반가정집 등 개인에게서 데려오는 '분양' 등이 있습니다.

반려동물의 양육 인구

농림축산식품부의 '동물보호에 대한 국민의식 조사 보고서'에 따르면 전체 국민 중 반려동물을 양육하는 가구의 비중은 4가구 중 1가구 이상으로 조사되었으며, 그중 반려견(개)은 76%, 반려묘(고양이)는 16.6%로 전체의 약 93%가 개와 고양이를 양육하는 것으로 조사되었습니다.

반려동물의 주요 양육 경로 및 비율

반려동물의 주요 양육 경로는 주변사람 주변 사람(59.4%)이나 펫샵(25.9%)으로 나타났습니다. 특히 양육자의 연령대가 높아질수록 다른 경로에 비해 주변 사람을 통해 분양하는 경향이 뚜렷하였습니다.

연령대별 주변 사람을 통해 분양하는 비율은 20대가 52.8%, 40대가 63.0%, 그리고 60대 이상은 73.0%로 나타났습니다.

반려동물을 양육하기 전 유의사항[8]

- 반려동물을 입양 또는 분양을 받기 전에 모든 가족 구성원이 동의하고 충분히 생각해 보셨나요?
- 개와 고양이의 수명은 약 15년 정도입니다. 살아가면서 질병도 걸릴 수 있습니다. 생활 패턴이나 환경이 바뀌어도 오랜 기간 동안 책임지고 잘 돌보아 줄 수 있나요?
- 매일 산책을 시켜주거나 함께 있어줄 수 있는 시간이 충분한가요? 개는 물론이고 고양이도 혼자 있으면 외로워하는 사회적 동물입니다.
- 식비, 건강 검진비, 예방접종과 치료비 등 관리비용을 충당할 수 있을 정도의 경제적 여유를 갖고 계신가요?
- 동물의 소음(짖거나 울음소리), 냄새(배변 등), 털 빠짐 등의 상황이 일어납니다. 또한 물거나 할퀼 수도 있으며 다양한 문제행동을 보일 수도 있습니다.
- 개와 고양이로 인한 알레르기 반응은 없나요? 입양 또는 분양 전에 반드시 가족 구성원 모두 알러지 유무를 확인해야 합니다.
- 반려동물의 중성화수술 및 동물등록에 동의하시나요?

---

8 서울동물복지지원센터 블로그 - 입양절차안내

동물보호센터(유기동물보호센터) 등에서 반려동물 입양

반려동물의 입양은 동물보호센터(유기동물보호센터) 등에서 데려오는 것을 말합니다.

> **동물보호센터란?**
>
> 동물보호센터는 분실 또는 유기된 반려동물이 소유자와 소유자를 위해 반려동물의 양육·관리 또는 보호에 종사하는 사람(이하 "소유자 등"이라 함)에게 안전하게 반환될 수 있도록 지방자치단체가 설치·운영하거나 지방자치단체로부터 보호를 위탁받은 시설에서 운영하는 동물보호시설(「동물보호법」 제14조 제1항, 제15조 제1항 및 제4항, 「동물보호법 시행규칙」 제15조 참조)을 말합니다.

즉, 공공장소에서 구조된 후 일정기간이 지나도 소유자를 알 수 없는 반려동물은 그 소유권이 관할 지방자치단체로 이전되므로 일반인이 입양할 수 있습니다(「동물보호법」 제20조 및 제21조 제1항 참조).

동물보호센터에서 반려동물을 입양하려면 해당 지방자치단체의 조례9에서 정하는 일정한 자격요건을 갖추어야 합니다(「동물보호법」 제21조 제3항).

---

9 해당 지역의 지방자치단체 조례는 국가법령정보센터의 자치법규(www.law.go.kr) 또는 자치법규정보시스템 (www.elis.go.kr)에서 확인할 수 있습니다.

동물판매업소(펫샵) 등에서 반려동물 구입

반려동물의 구입은 일반 분양(판매)센터, 동물병원, 개인 간의 거래, 길거리 판매자, 동물판매업소(펫샵) 등에서 데려오는 것을 말합니다.

구입이라는 단어가 반려인들에게는 불쾌할 수 있지만 현재 반려동물의 법적 지위는 물건으로 민법상 재산, 형법상 재물에 해당되는 게 안타까운 현실입니다.

반려동물 구입 시 유의사항

동물판매업소(펫샵) 등에서 반려동물을 구입할 때는 사후에 문제가 발생할 것을 대비해 계약서를 받는 것이 좋으며, 특히 반려동물을 구입할 때는 그 동물판매업소가 동물판매업 등록이 되어 있는 곳인지 확인하는 것도 중요합니다.

반려동물 구입 계약서 받기

- 동물판매업자가 반려동물을 판매할 때에는 다음의 내용을 포함한 반려동물 매매 계약서와 해당 내용을 증명하는 서류를 판매할 때 제공해야 하며, 계약서를 제공할 의무가 있음을 영업장 내부(전자상거래방식으로 판매하는 경우에는 인터넷 홈페이지 또는 휴대전화에서 사용되는 응용프로그램을 포함함)의 잘 보이는 곳에 게시해야 합니다(「동물보호법 시행규칙」 제43조 및 별표10 제2호 나목 나).

  1. 동물판매업 등록번호, 업소명, 주소 및 전화번호
  2. 동물의 출생일자 및 판매업자가 입수한 날
  3. 동물을 생산(수입)한 동물생산(수입)업자 업소명 주소
  4. 동물의 종류, 품종, 색상 및 판매 시의 특징
  5. 예방접종, 약물투어 등 수의사의 치료기록 등
  6. 판매 시의 건강상태와 그 증빙서류
  7. 판매일 및 판매금액
  8. 판매한 동물에게 질병 또는 사망 등 건강상의 문제가 생긴 경우의 처리방법
  9. 등록된 동물인 경우 등록내역

- 반려동물이 죽거나 질병에 걸렸을 때 이 계약서가 보상 여부를 결정하는 중요한 자료가 될 수 있으므로 반려동물을 구입할 때는 계약서를 잊지 않고 받아야 합니다.

- 만약 동물판매업소에서 계약서를 제공하지 않았다면, 소비자는 반려동물 구입 후 7일 이내에 계약서 미교부를 이유로 구매계약을 해제할 수 있습니다(「소비자분쟁해결기준」 별표Ⅱ 제29호).

동물판매업이란?

반려동물인 개, 고양이, 토끼, 페럿, 기니피그, 햄스터를 구입하여 판매, 알선 또는 중개하는 영업을 말합니다(「동물보호법」 제32조 제1항 제2호, 「동물보호법 시행규칙」 제35조 및 제36조 제2호).

동물판매업 등록 여부 확인

「동물보호법」은 건강한 반려동물을 유통시켜 소비자를 보호하기 위해 일정한 시설과 인력을 갖추고 시장·군수·구청장(자치구의 구청장을 말함)에게 동물판매업 등록을 한 동물판매업자만 반려동물을 판매할 수 있도록 하고 있습니다(「동물보호법」 제32조, 제33조 제1항, 「동물보호법 시행규칙」 제35조, 제37조, 별표9).

동물판매업자에게는 일정한 준수의무가 부과(「동물보호법」 제36조, 「동물보호법 시행규칙」 제43조 및 별표10)되기 때문에 동물판매업 등록이 된 곳에서 반려동물을 구입해야만 나중에 분쟁이 발생했을 때 훨씬 대처하기 쉬울 수 있습니다.

동물판매업 등록 여부는 영업장 내에 게시된 동물판매업 등록증으로 확인할 수 있습니다(「동물보호법 시행규칙」 제37조 제4항, 제43조, 별표10 제1호 가목, 별지 제16호서식 참조).

동물판매업 등록 위반 시

이를 위반해서 동물판매업자가 동물판매업 등록을 하지 않고 영업하면 500만원 이하의 벌금에 처해집니다(「동물보호법」 제46조 제3항 제2호).

반려동물 배송방법 제한

개, 고양이, 토끼 등 가정에서 반려의 목적으로 기르는 동물을 판매하려는 자는 해당 동물을 구매자에게 직접 전달하거나 동물의 운송방법을 준수하는 동물운송업자를 통해서 배송해야 합니다(「동물보호법」 제9조의2).

반려동물 배송방법을 위반하면?

이를 위반하여 반려동물 배송 방법을 위반하여 판매한 자는 300만 원 이하의 과태료를 부과받습니다(「동물보호법」 제47조 제1항 제2호, 「동물보호법 시행령」 제20조 제1항 및 별표 제2호 라목).

동물운송업이란?

동물운송업은 반려동물을 자동차를 이용하여 운송하는 영업을 말합니다(「동물보호법」 제32조 제1항 제8호 및 제2항, 「동물보호법 시행규칙」 제36조 제8호).

동물운송업 등록 여부 확인하기

동물운송업 영업을 하기 위해서는 필요한 시설과 인력을 갖추어서 시장·군수·구청장(자치구의 구청장을 말함)에 동물운송업 등록을 해야 하므로(「동물보호법」 제32조 제1항 제8호, 제33조 제1항, 「동물보호법 시행규칙」 제35조, 별표9) 반드시 시·군·구에 등록된 업체인지 확인해야 합니다.

동물운송업 등록 여부는 영업장 내부와 차량에 게시된 동물운송업 등록증으로 확인할 수 있습니다(「동물보호법 시행규칙」 제37조 제4항, 제43조, 별표10 제1호 가목, 별지 제16호서식 참조).

☞ 이를 위반해서 동물운송업자가 동물운송업 등록을 하지 않고 영업하면 500만 원 이하의 벌금에 처해집니다(「동물보호법」 제46조 제3항 제2호).

동물 운송업자의 준수사항[10]

영리를 목적으로 자동차를 이용하여 동물을 운송하는 자는 다음 사항을 준수해야 합니다(「동물보호법」 제9조 제1항, 「동물보호법 시행규칙」 제5조).

> **운송 중인 동물에게 적합한 사료와 물을 공급하고, 급격한 출발·제동 등으로 충격과 상해를 입지 아니하도록 할 것**
>
> • 동물을 운송하는 차량은 동물이 운송 중에 상해를 입지 아니하고, 급격한 체온 변화, 호흡곤란 등으로 인한 고통을 최소화할 수 있는 구조로 되어 있을 것
>
> • 병든 동물, 어린 동물 또는 임신 중이거나 젖먹이가 딸린 동물을 운송할 때에는 함께 운송 중인 다른 동물에 의하여 상해를 입지 않도록 칸막이의 설치 등 필요한 조치를 할 것
>
> • 동물을 싣고 내리는 과정에서 동물이 들어있는 운송용 우리를 던지거나 떨어뜨려서 동물을 다치게 하는 행위를 하지 아니할 것
>
> • 운송을 위하여 전기(電氣) 몰이도구를 사용하지 아니할 것

동물 운송업자의 준수사항 위반 시 제재

이를 위반하여 동물을 운송한 동물운송업자는 100만 원 이하의 과태료를 부과받습니다(「동물보호법」 제47조 제2항 제2호 및 제3호, 「동물보호법 시행령」 제20조 제1항 및 별표 제2호 나목 및 다목).

반려동물 운송(외국 등)[11]

외국에서 반려동물을 데리고 오는 경우(반려동물을 여행자 휴대품 운송 방식으로 들여오는 경우) 외국에서 반려동물을 여행자 휴대품으로 데리고 오는 경우에는 출입 공

---

10 그 밖의 동물운송업자 준수사항은 「동물보호법 시행규칙」 별표10에서도 확인할 수 있습니다.

11 반려동물을 화물 운송 방식으로 국내에 들여오는 경우에 관한 자세한 내용은 〈수출입 검역–동물검역〉에서 확인할 수 있습니다.

항·항만 등에 있는 동물검역기관의 장에게 신고하고 검역관의 검역을 받아야 합니다(「가축전염병 예방법」 제36조 제1항 단서).

외국에서 10마리 이상의 개·고양이(그 어미와 함께 수입하는 포유기(哺乳期)인 어린 개·고양이와 시험연구용으로 수입되는 개·고양이는 제외함)를 수입하려는 경우에는 국내 도착예정일 기준으로 30일 전에 반려동물의 종류, 수량, 수입 시기 및 장소 등을 미리 농림축산검역본부에 미리 신고해야 합니다[「가축전염병 예방법」 제35조 제1항, 「가축전염병 예방법 시행규칙」 제36조 제1항 제2호, 「수입동물 사전신고서 제출요령」(농림축산검역본부 고시 제2019-72호, 2019. 10. 24. 일부개정) 제2조 참조].

반려동물 운송(외국 등) - 검역서류 준비하기[12]

- 외국에서 반려동물을 데리고 국내로 들어오는 경우에는 상대국의 검역증명서(개·고양이의 경우: 마이크로칩을 이식하여 개체 확인이 되고 광견병 중화항체가 0.5IU/㎖임을 기재)를 국내에 입국하기 전에 갖추어야 합니다.

- 입국 즉시 여행자휴대품신고서에 동물 휴대 유무를 기록해서 세관검사대를 통과하기 전에 여행자휴대품신고서와 위 구비서류를 검역관에게 제출합니다(「가축전염병 (s)예방법」 제36조 제1항 단서, 「가축전염병 예방법 시행규칙」 제38조, 「지정검역물의 검역방법 및 기준」 제44조). 검역조사 받기

- 여행자휴대품으로서 동물반입에 관한 신고가 있으면 검역관이 그 반입동물에 대해 서류검사와 임상검사 등의 검역을 실시하며, 이 검역에 합격한 동물은 국내에 들어오게 됩니다(「가축전염병 예방법」 제36조 제1항 단서, 제41조 제1항·제2항, 「가축전염병 예방법 시행규칙」 제37조 제1항·제4항, 제41조, 별표7). 여행자휴대품으로 반입하는 동물에 대해 신고를 하지 않으면 1천만 원 이하의 과태료를 부과받습니다(「가축전염병 예방법」 제60조 제1항 제6호, 「가축전염병 예방법 시행령」 제16조 및 별표3 제2호 노목).

---

12 반려동물 검역에 관한 자세한 사항은 농림축산검역본부(www.qia.go.kr) 동물검역에서 확인할 수 있습니다.

일반가정집 등에서 반려동물 분양

반려동물 분양은 친구나 친지, 또는 모르는 사람으로부터, 일반가정집 등에서 동물이 낳은 것을 무료로 데려오는 경우를 말합니다.

일반가정집에서 반려동물을 분양받는 것은 양육환경과 건강상태가 양호한 반려동물을 데려올 수 있다는 장점이 있는 반면, 분양이 언제나 가능한 것은 아니며 예방접종이 실시되지 않았을 수도 있다는 단점이 있습니다.

따라서 일반가정집에서 분양받는 경우에는 반려동물이 예방접종을 했는지 여부를 확인해서 예방접종을 하지 않았다면 종합백신(DHPPL), 광견병 등 예방접종을 실시하는 것이 좋습니다.

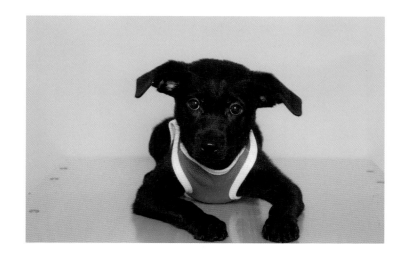

반려동물 구입 후 발생한 피해보상

　　반려동물판매업자에게 구입한 반려동물이 구입 후 15일 이내에 죽거나 질병에 걸렸다면 특약이 없는 한 「소비자분쟁해결기준」의 보상기준에 따라 다음과 같이 그 피해를 보상받을 수 있습니다[「소비자분쟁해결기준」(공정거래위원회고시 제2020-16호, 2020. 11. 13. 일부개정) 별표 Ⅱ 제29호].

피해유형	보상기준
구입 후 15일 이내 폐사 시	같은 종류의 반려동물로 교환 또는 구입가격 환불 ※다만, 소비자의 중대한 과실로 인해 피해가 발생했다면 배상 요구할 수 없습니다.
구입 후 15일 이내 질병 발생	판매업소(사업자)가 제반비용을 부담해서 회복시킨 후 소비자에게 인도 ※다만, 판매업소에서 회복시키는 기간이 30일을 경과하거나 판매업소 관리 중 죽은 경우에는 같은 종류의 반려동물로 교환하거나 구입가격의 환불을 요구할 수 있습니다.

제3장

반려동물 등록제도

반려동물 등록제도의 정의, 대상, 신청 등에 대해서 설명합니다.

반려동물 등록제도의 정의

반려동물 등록제도는 반려동물을 소유한 보호자가 등록대상(2개월령 이상의 개) 반려동물을 등록하는 제도를 말합니다.

등록대상동물의 소유자는 동물의 보호와 유실·유기방지 등을 위하여 시장·군수·구청장(자치구의 구청장을 말함)·특별자치시장(이하 "시장·군수·구청장"이라 함)에게 등록대상동물을 등록해야 합니다(「동물보호법」제12조 제1항 본문).

동물등록제의 효과

동물등록을 신청을 받은 시장·군수·구청장은 동물등록번호의 부여방법에 따라 등록대상동물에 무선전자개체식별장치 또는 인식표를 장착 후 동물등록증(전자적 방식을 포함)을 발급하고, 동물보호관리시스템으로 등록사항을 기록·유지·관리합니다(「동물보호법 시행규칙」 제8조 제2항).

따라서 반려동물을 잃어버리거나 버려진 경우 동물등록번호를 통해 소유자를 쉽게 확인할 수 있습니다.

동물등록절차[13]

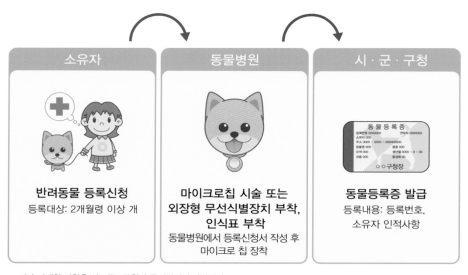

소유자	동물병원	시·군·구청
반려동물 등록신청 등록대상: 2개월령 이상 개	**마이크로칩 시술 또는 외장형 무선식별장치 부착, 인식표 부착** 동물병원에서 등록신청서 작성 후 마이크로 칩 장착	**동물등록증 발급** 등록내용: 등록번호, 소유자 인적사항

※ 기타 자세한 사항은 시·군·구청에 문의하시기 바랍니다.

동물등록 대상

동물등록을 해야 하는 동물은 동물의 보호, 유실·유기방지, 질병의 관리, 공중위생상의 위해 방지 등을 위하여 등록이 필요하다고 인정하는 다음의 어느 하나에 해당하는 월령(月齡) 2개월 이상인 개를 말합니다(「동물보호법」 제2조 제2호 및 「동물보호법 시행령」 제3조).

- 주택·준주택에서 기르는 개
- 주택·준주택 외의 장소에서 반려(伴侶) 목적으로 기르는 개

'주택'이란?

세대(世帶)의 구성원이 장기간 독립된 주거생활을 할 수 있는 구조로 된 건축물의 전부 또는 일부 및 부속토지를 말하여, 단독주택과 공동주택으로 구분합니다(「주택법」 제2조 제1호).

'준주택'이란?

주택 외의 건축물과 그 부속토지로서 주거시설로 이용가능한 시설 등을 말하며, 그 종류와 범위는 다음과 같습니다(「주택법」 제2조 제4호 및 「주택법 시행령」 제4조).

- 기숙사
- 다중생활시설
- 노인복지시설 중 노인복지주택
- 오피스텔

다만, 등록대상동물의 소유자는 등록하려는 동물이 등록대상 월령(月齡) 이하인 경우에도 등록할 수 있습니다(「동물보호법 시행규칙」 제8조 제4항).

고양의의 동물등록 여부[14]

Q 고양이는 동물등록을 할 수 없나요?

A 현재 고양이는 「동물보호법」상 동물등록대상이 아닙니다. 하지만 농림축산식품부는 2018년 1월 15일부터 고양이 동물등록 시범사업을 실시하고 있습니다. 고양이 동물등록 시범사업을 실시하는 지방자치단체는 2018년 8월 현재 서울(도봉구, 동대문구, 중구), 광주(북구), 인천(동구), 세종, 경기(안산, 용인, 평택), 강원(원주, 속초), 전북(김제, 남원, 정읍), 전남(나주, 구례), 경북(경주, 포항), 경남(하동), 충남(천안, 공주, 보령, 아산, 예산, 태안), 제주(제주, 서귀포) 총 27개입니다. 소유주의 주민등록 주소지가 고양이 동물등록 시범사업 참여 지방자치단체인 경우 월령에 관계없이 고양이도 동물등록이 가능합니다. 다만, 고양이의 특성상 내장형 무선식별장치 (마이크로칩)로만 등록이 가능하며, 수수료는 1만 원입니다.

동물등록 예외 지역

등록대상동물이 맹견이 아닌 경우로서 다음과 같은 지역에서는 시·도의 조례로 동물을 등록하지 않을 수 있는 지역으로 정할 수 있습니다(「동물보호법」 제12조 제1항 단서 및 「동물보호법 시행규칙」 제7조).

- 도서[도서, 제주특별자치도 본도(本島) 및 방파제 또는 교량 등으로 육지와 연결된 도서는 제외함]
- 동물등록 업무를 대행하게 할 수 있는 사람이 없는 읍·면

동물등록을 하지 않으면?

반려동물 등록을 하지 않은 소유자는 100만 원 이하의 과태료를 부과받습니다(「동물보호법」 제47조 제2항 제5호, 「동물보호법 시행령」 제20조 제1항 및 별표 제2호 마목).

14 농림축산식품부 - 정책홍보 - 카드뉴스

동물등록 신청

월령(月齡)이 2개월 이상인 반려견과 함께 시장·군수·구청장(자치구의 구청장을 말함)·특별자치시장(이하 "시장·군수·구청장"이라 함)이 대행업체로 지정한 동물병원을 방문하여 신청서 작성 후 수수료를 납부하고, 동물등록 방법 중 하나를 선택하여 등록하면 됩니다(「동물보호법」 제2조 제2호, 제12조 제1항·제4항, 「동물보호법 시행령」 제3조).

동물등록을 하기 위해서는 해당 동물의 소유권을 취득한 날 또는 소유한 동물이 등록대상동물이 된 날부터 30일 이내에 동물등록 신청서를 시장·군수·구청장에게 제출해야 합니다(「동물보호법」 제12조 제1항, 「동물보호법 시행규칙」 제8조 제1항).

거주 지역 아닌 곳에서의 동물등록[15]

Q 주민등록상 거주지역이 아닌 곳의 시·군·구청에서도 동물등록신청을 할 수 있나요?

A 관할 시·군·구청(대행업체)에 동물등록을 신청하도록 하고 있으나, 국민의 편의를 위하여 타 지역 거주민이 신청을 하는 경우에도 신청을 받은 시·군·구청에서 동물등록을 처리하고 동물등록증을 발급하고 있습니다.

동물등록 신청기관

동물등록 신청을 하면 신청을 받은 시장·군수·구청장은 동물등록번호의 부

---

15 동물보호관리시스템 – 동물등록 – 동물등록 FAQ 참조.

여방법 등에 따라 등록대상동물에 무선전자개체식별장치 또는 인식표를 장착 후
동물등록증(전자적 방식을 포함)을 발급하고, 동물보호관리시스템으로 등록사항을 기
록 · 유지 · 관리해야 합니다(「동물보호법 시행규칙」 제8조 제2항).

등록업무의 대행

동물등록 업무를 대행할 수 있는 자는 다음에 해당하는 자 중에서 시장 · 군수 ·
구청장이 지정합니다(「동물보호법」 제12조 제4항, 「동물보호법 시행규칙」 제10조 제1항).

1. 「수의사법」 제17조에 따라 동물병원을 개설한 자
2. 등록된 비영리민간단체 중 동물보호를 목적으로 하는 단체
3. 설립된 법인 중 동물보호를 목적으로 하는 법인
4. 「동물보호법」 제33조 제1항에 따라 등록한 동물판매업자
5. 「동물보호법」 제15조에 따른 동물보호센터

동물등록 방법 및 수수료

동물등록 방법과 수수료는 다음과 같습니다(「동물보호법 시행규칙」 제48조 전단 및
별표12).

구분	등록방법	수수료
신규신고	내장형 무선식별장치 삽입	1만 원 (무선식별장치는 소유자가 직접 구매하거나 지참)
	외장형 무선식별장치 부착	3천원 (무선식별장치 또는 등록인식표는 소유자가 등록인식표 부착 직접 구매하거나 지참)
	등록인식표 부착	3천원 (무선식별장치 또는 등록인식표는 소유자가 등록인식표 부착 직접 구매하거나 지참)
변경신고	소유자가 변경된 경우	무료
	소유자의 주소, 전화번호가 변경된 경우	
	등록대상동물을 잃어버리거나 죽은 경우	
	등록대상동물 분실신고 후 다시 찾은 경우	

수수료는 정부수입인지, 해당 지방자치단체의 수입증지, 현금, 계좌이체, 신용카드, 직불카드 또는 정보통신망을 이용한 전자화폐ㆍ전자결제 등의 방법으로 내야 합니다(「동물보호법 시행규칙」제48조 후단).

시장ㆍ군수ㆍ구청장은 필요한 경우 관할 지역 내에 있는 모든 동물등록대행자에 대하여 해당 동물등록대행자가 판매하는 무선식별장치의 제품명과 판매가격을 동물보호관리시스템에 게재하게 하고 해당 영업소 안의 보기 쉬운 곳에 게시하도록 할 수 있습니다(「동물보호법 시행규칙」제10조 제3항).

반려동물등록 변경신고

동물등록을 한 반려동물의 소유자는 다음의 어느 하나에 해당하는 경우에는 변경 사유 발생일부터 30일 이내에 시장ㆍ군수ㆍ구청장(자치구의 구청장을 말함)ㆍ특별자치시장(이하 "시장ㆍ군수ㆍ구청장"이라 함)에 신고해야 합니다(「동물보호법」제12조 제2항 제2호 및 제3항, 「동물보호법 시행규칙」제8조 제1항 및 제9조 제1항).

- 소유자가 변경되거나 소유자의 성명이 변경된 경우
- 소유자의 주소나 전화번호가 변경된 경우
- 등록대상동물이 죽은 경우
- 등록대상동물 분실 신고 후, 그 동물을 다시 찾은 경우
- 무선식별장치 또는 등록인식표를 잃어버리거나 헐어 못 쓰게 되는 경우

소유자의 주소 변경으로 「주민등록법」 제16조 제1항에 따른 전입신고를 한 경우 변경신고가 있는 것으로 봅니다(「동물보호법 시행규칙」 제9조 제4항 참조).

다음의 경우에는 동물보호관리시스템(www.animal.go.kr)을 통해 변경신고를 할 수 있습니다(「동물보호법 시행규칙」 제9조 제5항).

- 소유자의 주소나 전화번호가 변경된 경우
- 등록대상동물이 죽은 경우
- 등록대상동물 분실 신고 후, 그 동물을 다시 찾은 경우

동물등록 변경신고에 필요한 서류

시장 · 군수 · 구청장에게 동물등록 변경신고를 하기 위해서는 동물등록변경신고서, 동물등록증 등의 서류를 갖추어서 신고해야 합니다(「동물보호법 시행규칙」 제9조 제2항 및 별지 제1호서식).

동물등록번호 새로 부여받기

동물등록 변경신고로 인해 동물등록정보가 변경되면 동물등록번호도 새롭게 부여되며, 이에 따라 무선전자개체식별장치 및 인식표를 다시 장착하게 됩니다[「동물등록번호 체계 관리 및 운영 규정」(농림축산검역본부 고시 제2020-7호, 2020. 2. 19. 일부개정) 제4조 제1항].

동물등록 변경신고를 하지 않으면?

동물등록을 한 반려동물 소유자는 ① 소유자가 변경된 경우, ② 소유자의 주소나 전화번호가 변경된 경우, ③ 등록대상동물이 죽은 경우, ④ 등록대상동물 분실 신고 후 그 동물을 다시 찾은 경우, ⑤ 무선식별장치 또는 등록인식표를 잃어버리거나 헐어 못 쓰게 되는 경우 정해진 기간 내에 변경신고를 하지 않으면 50만 원 이하의 과태료를 부과받습니다(「동물보호법」 제47조 제3항 제1호 및 제2호, 「동물보호법 시행령」 제20조 제1항 및 별표 제2호 바목 · 사목).

동물등록증 재발급

동물등록증 재발급 사유

동물등록증을 잃어버리거나 헐어 못 쓰게 되는 경우에는 재발급 신청서를 시장·군수·구청장에게 제출하여 동물등록증을 재발급 받을 수 있습니다(「동물보호법 시행규칙」 제8조 제3항 전단).

동물등록증 재발급에 필요한 서류

동물등록증을 재발급받기 위해서는 동물등록증 재발급 신청서 등을 갖추어서 신청해야 합니다(「동물보호법 시행규칙」 제8조 제3항 및 별지 제3호서식).

제4장

반려동물의 양육·관리

반려동물을 양육하고 관리하는 것에 대한 기본적 사항,
의무, 위반 시 제재, 맹견 등에 대해서 설명합니다.

반려동물의 양육 · 관리의 정의

　반려동물의 양육 · 관리는 반려동물과 함께 살아가면서 반려동물 양육의 일반 기준과 양육환경, 위생 · 건강관리, 양육공간 등 생명과 안전을 보호하고 복지를 증진하도록 관리하는 것을 말합니다.

　반려동물은 사육이라는 용어를 사용하지만 저자는 생명을 개념을 부여하여 양육이라는 표현으로 사용합니다.

반려동물의 양육 · 관리에 필요한 기본적 사항

반려동물을 양육하기로 결정하고 입양 또는 분양받았다면, 반려동물을 잘 돌봐서 그 생명과 안전을 보호하는 한편, 자신의 반려동물로 인해 다른 사람이 피해를 입지 않도록 주의해야 합니다.

이를 위해서 반려동물의 소유자와 소유자를 위해 반려동물의 양육 · 관리 또는 보호에 종사하는 사람(이하 "소유자 등"이라 함)은 다음과 같은 사항을 지키도록 노력해야 합니다(「동물보호법」 제7조, 「동물보호법 시행규칙」 제3조 및 별표1).

기준	세부내용
일반 기준	• 동물의 소유자 등은 동물을 양육 · 관리할 때에 동물의 생명과 그 안전을 보호하고 복지를 증진하여야 합니다. • 동물의 소유자 등은 동물로 하여금 갈증 · 배고픔, 영양불량, 불편함, 통증 · 부상 · 질병, 두려움과 정상적으로 행동할 수 없는 것으로 인하여 고통을 받지 아니하도록 노력하여야 합니다. • 동물의 소유자 등은 양육 · 관리하는 동물의 습성을 이해함으로써 최대한 본래의 습성에 가깝게 양육 · 관리하고, 동물의 보호와 복지에 책임감을 가져야 합니다.
양육 환경	• 동물의 종류, 크기, 특성, 건강상태, 양육 목적 등을 고려하여 최대한 적절한 양육환경을 제공하여야 합니다. • 동물의 양육공간 및 양육시설은 동물이 자연스러운 자세로 일어나거나 눕거나 움직이는 등 일상적인 동작을 하는 데에 지장이 없는 크기이어야 합니다.
건강 관리	• 전염병 예방을 위하여 정기적으로 반려동물의 특성에 따른 예방접종을 실시할 것 • 개는 6개월마다 1회 구충할 것

반려동물의 양육 · 관리 의무

반려목적으로 기르는 개, 고양이, 토끼, 페럿, 기니피그 및 햄스터는 최소한의 양육공간 제공 등 다음과 같은 양육 · 관리 의무를 준수해야 합니다(「동물보호법」 제8조 제2항 제3호의2, 「동물보호법 시행규칙」 제4조 제4항 · 제5항, 별표1호의2).

준 수 사 항	

양육 공간	1. 양육공간의 위치는 차량, 구조물 등으로 인한 안전사고가 발생할 위험이 없는 곳에 마련할 것
	2. 양육공간의 바닥은 망 등 동물의 발이 빠질 수 있는 재질로 하지 않을 것
	3. 양육공간은 동물이 자연스러운 자세로 일어나거나 눕거나 움직이는 등의 일상적인 동작을 하는 데에 지장이 없도록 제공하되, 다음의 요건을 갖출 것
	  • 가로 및 세로는 각각 양육하는 동물의 몸길이(동물의 코부터 꼬리까지의 길이를 말함)의 2.5배 및 2배 이상일 것. 이 경우 하나의 양육공간에서 양육하는 동물이 2마리 이상일 경우에는 마리당 해당 기준을 충족해야 함
	  • 높이는 동물이 뒷발로 일어섰을 때 머리가 닿지 않는 높이 이상일 것
	4. 동물이 실외에서 양육하는 경우 양육공간 내에 더위, 추위, 눈, 비 및 직사광선 등을 피할 수 있는 휴식공간을 제공할 것
	5. 목줄을 사용하여 동물을 양육하는 경우 목줄의 길이는 3.에 따라 제공되는 동물의 양육공간을 제한하지 않는 길이로 할 것

위생 · 건강 관리	1. 동물에게 질병(골절 등 상해를 포함함)이 발생한 경우 신속하게 수의학적 처치를 제공할 것 2. 2마리 이상의 동물을 함께 양육하는 경우 목줄에 묶이거나 목이 조이는 등으로 인한 상해를 입지 않도록 할 것 3. 목줄을 사용하여 동물을 양육하는 경우 목줄에 묶이거나 목이 조이는 등으로 인해 상해를 입지 않도록 할 것 4. 동물의 영양이 부족하지 않도록 사료 등 동물에게 적합한 음식과 깨끗한 물을 공급할 것 5. 사료와 물을 주기 위한 설비 및 휴식공간은 분변, 오물 등을 수시로 제거하고 청결하게 관리할 것 6. 동물의 행동에 불편함이 없도록 털과 발톱을 적절하게 관리할 것

동물미용업의 정의

동물미용업은 반려동물의 털, 피부 또는 발톱 등을 손질하거나 위생적으로 관리하는 영업을 말합니다(「동물보호법」 제32조 제1항 제7호 및 제2항, 「동물보호법 시행규칙」 제36조 제7호).

동물미용업 등록 여부 확인하기

동물미용업 영업을 하기 위해서는 필요한 시설과 인력을 갖추어서 시장·군수·구청장(자치구의 구청장을 말함)에 동물미용업 등록을 해야 하므로(「동물보호법」 제32조 제1항 제7호, 제33조 제1항 「동물보호법 시행규칙」 제35조 제2항, 별표9) 반드시 시·군·구에 등록된 업체인지 확인해야 합니다.

동물미용업자에게는 일정한 준수의무[16]가 부과(「동물보호법」 제36조, 「동물보호법 시행규칙」 제43조 및 별표10)되기 때문에 동물미용업 등록이 된 곳에서 반려동물 미용을 한 경우에만 나중에 분쟁이 발생했을 때 훨씬 대처하기 쉬울 수 있습니다.

동물미용업 등록 여부는 영업장 내에 게시된 동물미용업 등록증으로 확인할 수 있습니다(「동물보호법 시행규칙」 제37조 제4항, 제43조, 별표10 제1호 가목, 별지 제16호서식).

이를 위반해서 동물미용업자가 동물미용업 등록을 하지 않고 영업하면 500만 원 이하의 벌금에 처해집니다(「동물보호법」 제46조 제2항 제2호).

반려동물 양육·관리 의무 위반 시 재제

반려목적으로 기르는 개, 고양이, 토끼, 페럿, 기니피그 및 햄스터는 최소한의 양육공간 제공 등 양육·관리 의무를 준수하지 않아 동물을 학대한 자는 2년 이하의 징역 또는 2천만 원 이하의 벌금에 처해집니다(「동물보호법」 제46조 제1항 제1호).

---

16 동물미용업자 준수사항은 「동물보호법 시행규칙」 별표10에서 확인할 수 있습니다.

맹견의 정의

"맹견"이란 도사견, 핏불테리어, 로트와일러 등 사람의 생명이나 신체에 위해를 가할 우려가 있는 개로서 농림축산식품부령으로 정하는 개를 말합니다.

맹견의 종류

맹견은 다음과 같습니다(「동물보호법」 제2조 제3호의2, 「동물보호법 시행규칙」 제1조의3).

1. 도사견과 그 잡종의 개
2. 아메리칸 핏불 테리어와 그 잡종의 개
3. 아메리칸 스태퍼드셔 테리어와 그 잡종의 개
4. 스태퍼드셔 불 테리어와 그 잡종의 개
5. 로트와일러와 그 잡종의 개

아메리칸 핏불 테리어

맹견의 양육 · 관리 시 준수사항

맹견 소유자의 준수사항

맹견의 소유자 등은 다음의 사항을 준수해야 합니다(「동물보호법」 제13조의2 제1항, 「동물보호법 시행규칙」 제12조의2 제1항).

- 소유자 등 없이 맹견을 기르는 곳에서 벗어나지 아니하게 할 것
- 지장이 없는 범위에서 사람에 대한 공격을 효과적으로 차단할 수 있는 크기의 입마개 등 안전장치를 하거나 맹견의 탈출을 방지할 수 있는 적정한 이동장치를 할 것
- 그 밖에 맹견이 사람에게 신체적 피해를 주지 아니하도록 하기 위하여 농림축산식품부령으로 정하는 사항을 따를 것

☞ 위의 사항을 준수하지 않은 사람에게는 300만 원 이하의 과태료가 부과됩니다(「동물보호법」 제47조 제1항).

맹견의 소유자 등은 다음의 어느 하나에 해당하는 장소에 맹견이 출입하지 않도록 해야 합니다(「동물보호법」 제13조의3).

1. 어린이집
2. 유치원
3. 초등학교 및 특수학교
4. 그 밖에 불특정 다수인이 이용하는 장소로서 시 · 도의 조례로 정하는 장소

☞ 위의 사항을 준수하지 않은 사람에게는 300만 원 이하의 과태료가 부과됩니다(「동물보호법」 제47조 제1항 제2호의6).

맹견의 격리조치 등

특별시장 · 광역시장 · 도지사 및 특별자치도지사 · 특별자치시장과 시장 · 군수 · 구청장(자치구의 구청장을 말함)은 맹견이 사람에게 신체적 피해를 주는 경우 소유자 등의 동의 없이 맹견에 대하여 격리조치 등 필요한 조치를 취할 수 있습니다(「동물보호법」 제13조의2 제2항, 「동물보호법 시행규칙」 제12조의3, 별표3).

맹견에 대한 격리조치 등에 관한 기준은「동물보호법 시행규칙」별표3에서 확인할 수 있습니다.

맹견 소유자 교육

맹견의 소유자는 맹견의 안전한 양육 및 관리에 관하여 다음과 같은 교육을 받아야 합니다(「동물보호법」제13조의2 제3항, 「동물보호법 시행규칙」제12조의4 제1항).

- 맹견의 소유권을 최초로 취득한 소유자의 신규교육: 소유권을 취득한 날부터 6개월 이내 3시간
- 그 외 맹견 소유자의 정기교육: 매년 3시간

맹견 소유자에 대한 교육은 다음 어느 하나에 해당하는 기관으로 농림축산식품부장관이 지정하는 기관이 실시하며, 원격교육으로 그 과정을 대체할 수 있습니다(「동물보호법 시행규칙」제12조의4 제2항).

- 「수의사법」제23조에 따른 대한수의사회
- 「동물보호법 시행령」제5조 각 호에 따른 법인 또는 단체
- 농림축산식품부 소속 교육전문기관

교육을 받지 않으면?

이를 위반하여 맹견의 안전한 양육 및 관리에 관한 교육을 받지 아니한 소유자는 300만 원 이하의 과태료를 부과합니다(「동물보호법」제47조 제1항 제2호의5).

제5장

반려동물의 관리 책임 (민·형사)

반려동물의 관리 책임으로서 민사적·형사적 책임과 처벌 및 범칙금,

면제 사유 등에 대해서 설명합니다.

반려동물의 관리 책임

반려동물 관리 책임 사례

반려동물의 관리 책임 사례는 물림사고(개-사람, 개-개), 동물병원 관련, 분양관련, 시설이용 관련, 동물학대, 기타 관련 등 다양하게 나타날 수 있습니다.

반려동물 관리 책임

반려동물 관리 책임에는 민사적 책임과 형사적 책임이 있으며, 그에 대해서는 다양한 유형과 여러 가지의 적용 관련법이 있습니다. 또한 책임이 면제되는 경유(책임면제사유)도 있습니다.

민사적 책임

반려동물이 사람의 다리를 물어 상처를 내는 등 다른 사람에게 손해를 끼쳤다면 치료비 등 그 손해를 배상해 주어야 합니다(「민법」제750조 및 제759조 제1항 전단).

이때 손해를 배상해야 하는 책임자는 반려동물의 소유자뿐만 아니라 소유자를 위해 양육·관리 또는 보호에 종사한 사람(이하 "소유자 등"이라 함)도 해당됩니다(「민법」제759조 제2항).

주요 관련법		내용
민법	제750조(불법행위의 내용)	고의 또는 과실로 인한 위법행위로 타인에게 손해를 가한 자는 그 손해를 배상할 책임이 있다.
	제759조(동물의 점유자의 책임)	① 동물의 점유자는 그 동물이 타인에게 가한 손해를 배상할 책임이 있다. 그러나 동물의 종류와 성질에 따라 그 보관에 상당한 주의를 해태하지 아니한 때에는 그러하지 아니하다. ② 점유자에 갈음하여 동물을 보관한 자도 전항의 책임이 있다.

형사적 책임

반려견이 사람을 물어 다치게 하거나 사망에 이르게 될 경우에는 ① 과실로 인하여 사람의 신체를 상해에 이르게 한 사람은 500만 원 이하의 벌금, 구류 또는 과료에 처할 수 있고(「형법」 제266조 제1항), ② 과실로 인하여 사람을 사망에 이르게 한 사람은 2년 이하의 금고 또는 700만 원 이하의 벌금에 처해집니다(「형법」 제267조).

또한 다른 사람의 반려견을 다치게 하거나 죽인 사람은 3년 이하의 징역 또는 700만 원 이하의 벌금에 처해집니다(「형법」 제366조).

주요 관련법		내용
형법	제266조(과실치상)	① 과실로 인하여 사람의 신체를 상해에 이르게 한 자는 500만 원 이하의 벌금, 구류 또는 과료에 처한다. ② 제1항의 죄는 피해자의 명시한 의사에 반하여 공소를 제기할 수 없다.
	제267조(과실치사)	과실로 인하여 사람을 사망에 이르게 한 자는 2년 이하의 금고 또는 700만 원 이하의 벌금에 처한다.
	제366조(재물손괴 등)	타인의 재물, 문서 또는 전자기록 등 특수매체기록을 손괴 또는 은닉 기타 방법으로 기 효용을 해한 자는 3년 이하의 징역 또는 700만 원 이하의 벌금에 처한다.

처벌 및 범칙금

그 밖에도 ① 개나 그 밖의 동물을 시켜 사람이나 가축에게 달려들게 하면 10만 원 이하의 벌금, 구류 또는 과료에 처해지거나 8만 원의 범칙금이 부과되며(「경범죄 처벌법」 제3조 제1항 제26호), ② 사람이나 가축에 해를 끼치는 버릇이 있는 반려동물을 함부로 풀어놓거나 제대로 살피지 않아 나돌아 다니게 하면 10만 원 이하의 벌금, 구류 또는 과료에 처해지거나 5만 원의 범칙금이 부과됩니다(「경범죄 처벌법」 제3조 제1항 제25호, 제6조 제1항, 「경범죄 처벌법 시행령」 별표).

주요 관련법		내용
경범죄 처벌법	제3조(경범죄의 종류)	① 다음 각 호의 어느 하나에 해당하는 사람은 10만 원 이하의 벌금, 구류 또는 과료(科料)의 형으로 처벌한다. 25. (위험한 동물의 관리 소홀) 사람이나 가축에 해를 끼치는 버릇이 있는 개나 그 밖의 동물을 함부로 풀어놓거나 제대로 살피지 아니하여 나다니게 한 사람

책임이 면제되는 경유(책임면제사유)

다만, 소유자 등이 반려동물의 관리에 상당한 주의를 기울였음이 증명되는 경우에는 피해자에 대해 손해를 배상하지 않아도 됩니다(「민법」 제759조 제1항 후단).

제6장

반려동물 사료표시제도

반려동물의 사료 표시제도, 위해요소중점관리기준(HACCP)제도,
피해보상 등에 대해서 설명합니다.

사료 표시제도의 정의

사료는 용기나 포장에 성분등록을 한 사항, 그 밖의 사용상 주의사항 등 사료 관련 정보를 표시하도록 정하고 있습니다(「사료관리법」 제13조 제1항). 그러므로 사료에 반려동물에게 필요한 성분이 포함되어 있는지 알고싶다면 사료용기나 포장을 확인해 보아야 합니다.

반려동물 사료의 선택

반려동물용 사료를 구입할 때는 반려동물의 월령, 발육, 영양상태, 건강 및 식습관 등을 충분히 고려해서 선택해야 합니다. 「사료관리법」에서는 사료용기나 포장에 원료, 성분 등 사료 정보를 표시하도록 정하고 있으므로 이를 확인하고 반려동물에 알맞은 사료를 선택해야 합니다.

사료 표시사항

사료 용기나 포장에 표시되는 사항은 다음과 같습니다[「사료관리법」 제13조 제1항, 「사료관리법 시행규칙」 제14조, 별표4, 「사료 등의 기준 및 규격」(농림축산식품부고시 제2019-58호, 2019. 10. 24. 일부개정, 2019. 10. 24. 시행) 제10조 및 별표15].

「사료관리법」제13조 제1항, 「사료관리법 시행규칙」제14조, 별표4

01. 사료의 성분등록번호

02. 사료의 명칭 및 형태

03. 등록성분량

04. 사용한 원료의 명칭

05. 동물의약품 첨가 내용(배합사료의 경우만 해당)

06. 주의사항

07. 사료의 용도

08. 실제 중량(kg 또는 톤)

09. 제조(수입) 연월일 및 유통기간 또는 유통기한

10. 제조(수입)업자의 상호(공장 명칭) 주소 및 전화번호

11. 재포장 내용

12. 사료공정에서 정하는 사항, 사료의 절감 · 품질관리 및 유통개선을 위해 농림축산식
    품부장관이 정하는 사항

• 그 밖의 사료에 표시되는 사항 그 구체적인 내용은 「사료 등의 기준 및 규격」 별표15
  에서 자세히 확인할 수 있습니다.

(사업자가) 사료 표시사항을 지키지 않으면?

이를 위반해서 제조업자 또는 수입업자가 표시사항이 없는 사료를 판매하거나 표시사항을 거짓 또는 과장해서 표시하면 등록취소, 영업의 일부 또는 전부정지명령을 받거나 영업정지처분을 대신한 과징금을 부과받을 수 있으며(「사료관리법」 제25조 제1항 제10호, 제26조 제1항), 1년 이하의 징역 또는 1천만 원 이하의 벌금에 처해집니다(「사료관리법」 제34조 제7호).

(사료) 위해요소중점관리기준(HACCP)제도의 정의

농림축산식품부는 사료의 원료관리, 제조 및 유통과정에서 위해(危害)한 물질이 사료에 혼입되거나 해당 사료가 오염되는 것을 방지하기 위해 각 과정을 중점적으로 관리하는 기준인 위해요소중점관리기준(Hazard Analysis and Central Critical Points: HACCP)을 정해서 HACCP 적용을 희망하는 사업자에게 이를 준수하도록 하고 있습니다[「사료관리법」 제16조 제1항·제2항, 「사료공장 위해요소중점관리기준」(농림축산식품부고시 제2019-61호, 2019. 10. 24. 일부개정) 제1조 및 제3조].

HACCP 적용 표시

HACCP 적용 사료공장은 ① HACCP 적용 사료에 대해 HACCP 적용 사료공장임을 표시부착하거나, ② 해당 사료공장이 HACCP 적용 사료공장으로 지정된 사실에 대한 광고(하나의 영업자가 다른 장소에서 같은 영업을 하는 경우 HACCP를 적용하지 아니하는 사료공장에서 생산되는 제품은 제외함)를 할 수 있습니다(「사료공장 위해요소중점관리기준」 제12조 제1항 제2호 및 별표2).

HACCP 지정 사료공장 표시

반려동물이 사료 먹고 발생한 피해보상기준

반려동물이 사료를 먹고 부작용이 있거나 폐사하였다면 「소비자분쟁해결기준」의 보상기준에 따라 다음과 같이 그 피해를 보상받을 수 있습니다[「소비자분쟁해결기준」(공정거래위원회고시 제2020-16호, 2020. 11. 13. 일부개정) 별표Ⅱ 제12호].

피해유형	보상기준
중량부족	제품교환 또는 구입가 환급
부패, 변질	
성분이상	
유효기간 경과	
부작용	사료의 구입가 및 동물의 치료 경비 배상 ※ 수의사의 진단에 의해 사료와의 인과관계가 확인되는 경우에 적용함
동물폐사	사료 구입가 및 동물의 가격 배상 ※ 수의사의 진단에 의해 사료와의 인과관계가 확인되는 경우에 적용함

제7장

반려동물의 예방접종

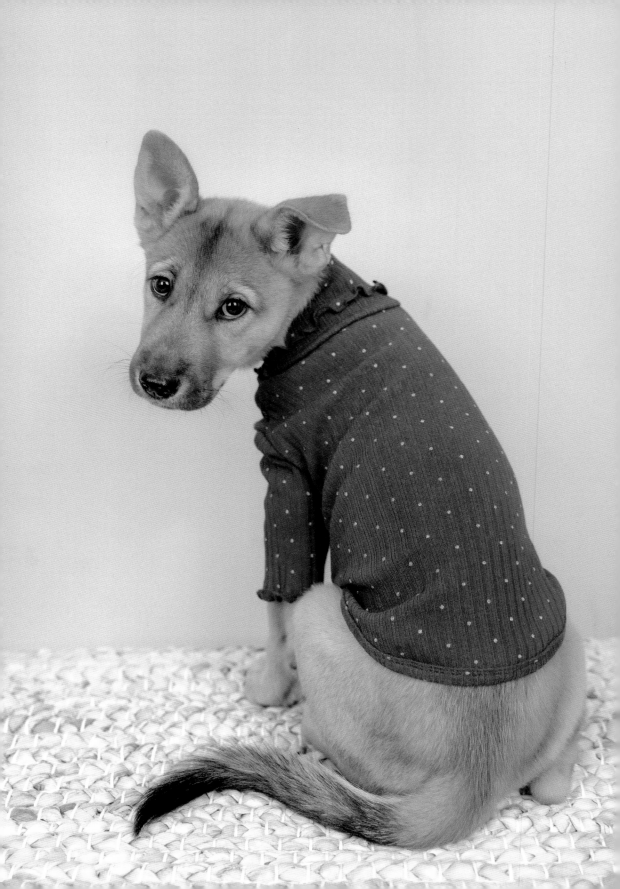

반려동물의 성장, 질병의 종류, 예방접종, 구충 등에 대해서 설명합니다.

반려동물의 성장[17]

출생에서 3주까지 건강한 강아지는 대체로 평온합니다. 강아지는 90%의 시간은 잠을 자고 10%의 시간은 젖을 빨며 젖꼭지를 차지하기 위해 경쟁합니다. 처음 이틀 동안은 머리를 밑으로 묻고 잠을 잡니다. 자는 동안 강아지는 놀라기도 하고 소리에 반응을 나타내는데 이것을 활동하는 잠이라고 합니다. 활동 잠은 강아지들이 하는 유일한 운동 방법이고 후에 쓸 근육을 발달을 돕기도 하고 지극히 정상적입니다.

분만 ~ 2주령	3주령 ~ 4주령	5주령 ~ 2개월령	3개월 ~ 5개월령	9개월 ~ 12개월령
• 눈을 뜨지 못함 • 5~6일 뒤 귀 들림 • 5~6일 탯줄 떨어짐 • 추위에 약함	• 젖니 생성 • 움직임 활발 • 14~17일 눈뜸 • 20시간 이상 수면	• 젖니 모두 생성 • 장난이 심함 • 젖을 뗌 • 체형의 완성 • 전염병 쉽게 노출	• 만 2개월 지나면 어미로부터 독립 생활 가능	• 성견의 80% 도달 • 전체적인 균형 형성 • 암 개의 경우 첫 발정 시기

---

17 동물보호관리시스템(https://www.animal.go.kr/front/index.do).

반려동물 질병의 종류

반려동물 질병의 종류[18]

질환기	질환내용
호흡기	콧물, 계속되는 재체기, 기침, 구역질, 호흡 곤란, 심한 코골이
눈	눈의 분비물, 시력 감퇴, 염증, 감염으로 인한 출혈, 흐린 테가 끼는 경우
귀	귀 고름, 머리를 흔들어 대는 경우, 귀가 부어 오르는 경우, 균형상실, 난청
입	침을 질질 흘리는 경우, 식욕 저하, 잇몸의 염증, 구취, 이빨이 부러지거나 흔들리는 경우
외부기생충	지나치게 핥는 경우, 기생충이 발견되는 경우, 비듬, 탈모, 긁적거림
피와 심장	지나친 기침, 빈혈, 무기력증, 지나친 기침, 운동을 기피하는 경우
뼈, 근육, 관절	감염된 부분의 부어 오름, 다리를 만지면 통증을 느끼는 경우, 마비, 절룩거림
신경성	발작이나 경련, 비틀거리는 걸음걸이 일부 또는 전신 마비
소화기	행동상의 변화, 균형의 상실, 졸도체중의 과도한 변화, 식욕 상실, 변비, 설사 구토
피부 및 털	갑자기 씹어 대거나 핥는 경우, 염증 또는 종양, 탈모, 계속 긁어 대는 경우
생식기	유방의 통증, 생식 불능, 유산, 출산 후의 이상, 이상 분비물
비뇨기	배뇨가 힘든 경우, 혈뇨, 대소변 실금, 소변량의 증가, 배뇨의 감소
기생충	분비물에서 기생충을 발견하는 경우, 배가 부어 오르는 경우, 설사, 항문에서 이물질을 발견하는 경우, 체중 감소

---

18 동물보호관리시스템(https://www.animal.go.kr/front/index.do).

반려(견)동물 예방접종 종류

혼합예방주사 (DHPPL)	기초접종: 생후 6∼8주에 1차 접종	Canine Distemper(홍역), Hepatitis(간염), Parvovirus(파보장염), Parainfluenza(파라인플루엔자), Leptospira(렙토스피라) 혼합주사임
	추가접종: 1차 접종 후 2∼4주 간격으로 2∼4회	
	보강접종: 추가접종 후 매년 1회 주사	
코로나바이러스성 장염(Coronavirus)	기초접종: 생후 6∼8주에 1차 접종	–
	추가접종: 1차 접종 후 2∼4주 간격으로 1∼2회	
	보강접종: 추가접종 후 매년 1회 주사	
기관 · 기관지염 (Kennel Cough)	기초접종: 생후 6∼8주에 1차 접종	–
	추가접종: 1차 접종 후 2∼4주 간격으로 1∼2회	
	보강접종: 추가접종 후 매년 1회 주사	
광견병	기초접종: 생후 3개월 이상 1회 접종	–
	보강접종: 6개월 간격으로 주사	

예방접종으로 한 후에는 열, 침울, 통증, 종창 등의 접종반응이 나타날 수 있지만, 대부분의 경우는 하루 정도 조용한 곳에 두면 자연히 괜찮아집니다. 그러나 증상이 심할 경우 또는 이상증상이 나타날 경우에는 담당 수의사를 찾는 것이 좋습니다.

---

19 동물보호관리시스템(https://www.animal.go.kr/front/index.do).

예방접종 필요성

반려동물의 전염병 예방과 건강관리 및 적정한 치료, 반려동물의 질병으로 인한 일반인의 위생상의 문제를 방지하기 위해 예방접종이 필요합니다. 일반적으로 반려동물의 예방접종은 생후 6주부터 접종을 시작하는데, 급격한 환경의 변화가 있을 경우 적응기간을 가진 후 접종을 진행해야 하며, 예방접종의 시기와 종류를 반드시 확인해야 합니다.

예방접종 실시

반려동물은 정기적으로 특성에 따른 예방접종을 실시해야 합니다(「동물보호법」 제7조 제4항, 「동물보호법 시행규칙」 제3조 및 별표1 제2호 나목).

> **건강관리**
> * 전염병 예방을 위하여 정기적으로 동물의 특성에 따른 예방접종을 하여야 합니다.
> * 개는 분기마다 1회 이상 구충을 하여야 합니다.

특히, 특별시·광역시·도·특별자치도·특별자치시(이하 "시·도"라 함) 조례로서 반려동물에 대한 예방접종이 의무화된 지역에 거주하는 경우에는 반드시 예방접종을 실시해야 합니다(「동물보호법」 제13조 제3항).

예방접종을 하지 않으면?

특별자치시장·시장(특별자치도의 행정시장을 포함함)·군수·구청장(자치구의 구청장을 말함)은 광견병 예방주사를 맞지 않은 개, 고양이 등이 건물 밖에서 배회하는 것을 발견하였을 경우에 소유자의 부담으로 억류하거나 살처분 또는 그 밖에 필요한 조치를 할 수 있으므로(「가축전염병 예방법」 제20조 제3항) 광견병 예방접종은 꼭 실시해야 합니다.

구충 실시하기

반려동물의 정기구충은 반려동물의 건강뿐 아니라 반려동물과 생활하는 사람들의 건강과도 밀접한 연관이 있으므로 정기적인 구충을 실시해야 합니다.

특히 반려견은 분기마다 1회 이상 구충을 실시해야 합니다(「동물보호법」제7조 제4항, 「동물보호법 시행규칙」제3조 및 별표1 제2호 나목).

제8장

반려동물의 병원이용

반려동물의 동물병원 이용, 병원의 금지행위와 의무, 의약품 사용 및
피해보상 등에 대해서 설명합니다.

동물병원 이용

반려동물의 병을 예방 · 진찰 · 치료하는 곳을 동물병원이라고 하며 반려동물에게 병 등의 문제가 생겼을 때 방문하여 예방 · 진찰 · 치료하는 것을 말합니다.

반려(견)동물이 먹으면 안 되는 음식[20]

음식물	안 되는 이유
양파	어떤 식으로 요리해도 양파의 독성은 없어지지 않는다. 양파의 강한 독성은 개나 고양이의 적혈구를 녹여 버리며, 심한 경우에는 급성 빈혈을 일으켜 죽기도 한다.
초콜렛	초콜렛은 중독을 일으킨다. 섭취 시 지나치게 활동적이거나 흥분상태를 보이기도 하고, 다른 음식은 먹지도 않아도 구토를 자주 하게 되고 노란색의 점액질을 토해낸다.
우유	우유에는 모유에는 없는 유당이 함유되어 있으나, 강아지는 선천적으로 유당을 분해할 수 있는 효소가 없다. 어린 강아지에게 설사를 일으키는 원인이 되기도 하며 설사는 2차 감염원이 되기도 하므로 특별한 경우가 아니면 급여를 삼가해야 한다.
생선	등푸른 생선에는 DHA가 많이 함유되어 있지만 어린강아지는 DHA를 분해하는 효소가 없어서 소화가 되지 않고 바로 배설된다. 그리고 생선가시는 소화되지 않고 소화기관에 상처나 염증을 유발할 수도 있다. 기름이 많이 함유된 생선통조림은 설사와 구토를 일으키고 많은 양의 기름은 강아지에게 소화장애를 일으키므로 급여를 삼가해야 한다.
닭뼈	소화가 되었을 때 뼈가 날카롭게 분해되면서 소화기관에 상처를 내어 염증이나 혈변, 심한 경우에는 죽음에 이르게 할 수 있다.
마른 오징어	개들은 음식을 씹지 않고 바로 소화기관으로 넘기므로 오징어나 쥐포 등을 먹으면 입과 식도, 위까지 손상될 수 있으므로 주지 않는다.
채소류의 과잉섭취	어느 정도의 채소류의 섭취는 섬유질이 있어 소화흡수에 도움이 되지만, 많은 양의 채소류는 공급과잉이 되며 체외로 배출되므로 적당량을 준다.

진료 거부 금지

수의사는 반려동물의 진료를 요구 받았을 때에는 정당한 사유 없이 거부해서는 안 됩니다(「수의사법」 제11조).

☞ 이를 위반하면 1년 이내의 기간을 정하여 수의사 면허의 효력을 정지시킬 수 있고(「수의사법」 제32조 제2항 제6호), 500만 원 이하의 과태료를 부과받습니다(「수의사법」 제41조 제1항 제1호, 「수의사법 시행령」 제23조 및 별표 제2호 가목)

---

20 동물보호관리시스템(https://www.animal.go.kr/front/index.do).

진단서 등 발급 거부 금지

　　수의사는 자기가 직접 진료하거나 검안(檢案)하지 않고는 진단서, 검안서, 증명서 또는 처방전을 발급하지 못하며, 오용·남용으로 사람 및 동물의 건강에 위해를 끼칠 우려, 수의사 또는 수산질병관리사의 전문지식이 필요하거나 제형과 약리작용상 장애를 일으킬 우려가 있다고 인정되는 동물용 의약품을 처방·투약하지 못합니다(「수의사법」 제12조 제1항, 「약사법」 제85조 제6항).

☞ 이를 위반하면 1년 이내의 기간을 정하여 수의사 면허의 효력을 정지시킬 수 있고(「수의사법」 제32조 제2항 제6호), 100만 원의 과태료를 부과받습니다(「수의사법」 제41조 제2항 제1호·제1호의2, 「수의사법 시행령」 제23조 및 별표 제2호 나목·다목).

　　또한 수의사는 직접 진료하거나 검안한 반려동물에 대한 진단서, 검안서, 증명서 또는 처방전의 발급요구를 정당한 사유 없이 거부해서는 안 됩니다(「수의사법」 제12조 제3항).

☞ 이를 위반하면 1년 이내의 기간을 정하여 수의사 면허의 효력을 정지시킬 수 있고(「수의사법」 제32조 제2항 제6호), 100만 원의 과태료를 부과받습니다(「수의사법」 제41조 제2항 제1호의3, 「수의사법 시행령」 제23조 및 별표 제2호 라목).

진료부 등 작성 및 보관 의무

　　수의사는 진료부와 검안부를 비치하고 진료하거나 검안한 사항을 기록(전자문서도 가능)하고 서명해서 1년간 보관해야 합니다(「수의사법」 제13조, 「수의사법 시행규칙」 제13조).

☞ 이를 위반하면 1년 이내의 기간을 정하여 수의사 면허의 효력을 정지시킬 수 있고(「수의사법」 제32조 제2항 제6호), 100만 원의 과태료를 부과받습니다(「수의사법」 제41조 제2항 제2호, 「수의사법 시행령」 제23조 및 별표 제2호 아목).

과잉진료행위 등 그 밖의 금지행위

수의사는 반려동물에 대한 과잉진료행위 등 다음의 행위를 해서는 안 됩니다 (「수의사법」 제32조 제2항 제6호, 「수의사법 시행령」 제20조의2, 「수의사법 시행규칙」 제23조).

1. 거짓이나 그 밖의 부정한 방법으로 진단서, 검안서, 증명서 또는 처방전을 발급하는 행위
2. 관련 서류를 위조·변조하는 등 부정한 방법으로 진료비를 청구하는 행위
3. 정당한 이유 없이 「동물보호법」 제30조 제1항에 따른 명령을 위반하는 행위
4. 임상수의학적(臨床獸醫學的)으로 인정되지 않는 진료행위
5. 학위 수여 사실을 거짓으로 공표하는 행위
6. 불필요한 검사·투약 또는 수술 등의 과잉진료행위
7. 부당하게 많은 진료비를 요구하는 행위
8. 정당한 이유 없이 동물의 고통을 줄이기 위한 조치를 하지 않고 시술하는 행위
9. 소독 등 병원 내 감염을 막기 위한 조치를 취하지 않고 시술하여 질병이 악화되게 하는 행위
10. 예후가 불명확한 수술 및 처치 등을 할 때 그 위험성 및 비용을 알리지 않고 이를 하는 행위
11. 유효기간이 지난 약제를 사용하는 행위
12. 정당한 이유 없이 응급진료가 필요한 반려동물을 방치해 질병이 악화되게 하는 행위
13. 허위 또는 과대광고 행위
14. 동물병원의 개설자격이 없는 자에게 고용되어 동물을 진료하는 행위
15. 다른 동물병원을 이용하려는 반려동물의 소유자 또는 관리자를 자신이 종사하거나 개설한 동물병원으로 유인하거나 유인하게 하는 행위
16. 진료거부금지(「수의사법」 제11조), 진단서 등 발급 거부(「수의사법」 제12조 제1항 및 제3항), 진료부 등 작성(「수의사법」 제13조 제1항 및 제2항), 동물병원 개설(「수의사법」 제17조 제1항) 규정을 위반하는 행위

☞ 이를 위반하면 수의사면허의 효력이 정지될 수 있습니다(「수의사법」 제32조 제2항 전단, 「수의사법 시행령」 제24조 및 별표2).

「소비자분쟁해결기준」에 따른 피해보상

유효기간이 경과한 동물용 의약품을 구매했다면 제품을 교환받거나 제품구입 가격을 환불받는 방법으로 보상받을 수 있습니다(「소비자분쟁해결기준」(공정거래위원회 고시 제2020−16호, 2020. 11. 13. 일부개정) 별표Ⅱ 제38호).

동물용 의약품·의약외품과 관련해서 입은 피해를 해결하기 위해 다음과 같이 「소비자분쟁해결기준」이 마련되어 있습니다(「소비자분쟁해결기준」 별표Ⅱ 제38호).

품목	분쟁유형	해결기준
의약품, 의약외품	이물 혼입	제품교환 또는 구입가 환급
	함량, 크기 부적합	
	변질, 부패	
	유효기간 경과	
	용량 부족	
	품질 · 성능 · 기능 불량	
	용기 불량으로 인한 피해사고	치료비, 경비 및 일실소득 배상
	부작용	
	수량 부족	부족 수량 지급

- '동물용 의약품'이란 동물용으로만 사용함을 목적으로 하는 의약품을 말하여, 반려동물 의약품이 여기에 해당합니다(「동물용 의약품 등 취급규칙」 제2조 제1항 제1호).

- '동물용 의약외품'이란 다음 중 어느 하나에 해당하는 물품으로 농림축산검역본부장 또는 국립수산과학원장이 정해서 고시하는 것을 말합니다(「동물용 의약품등 취급규칙」 제2조 제1항 제3호 및 「동물용 의약외품의 범위 및 지정 등에 관한 규정」(농림축산검역본부고시 제2015-27호, 2015. 10. 6. 일부개정) 제2조).
  - 구강청량제 · 세척제 · 탈취제 등 애완용제제, 축사소독제, 해충의 구제제 및 영양 보조제로서의 비타민제 등 동물에 대한 작용이 경미하거나 직접 작용하지 않는 것으로 기구 또는 기계가 아닌 것과 이와 유사한 것
  - 동물질병의 치료 · 경감 · 처치 또는 예방의 목적으로 사용되는 섬유 · 고무제품 또는 이와 유사한 것
  - 동물용 의약외품의 범위는 「동물용 의약외품의 범위 및 지정 등에 관한 규정」 별표1, 별표2에서 자세히 확인하실 수 있습니다.

- '일실소득'이란 피해로 인하여 소득상실이 발생한 것이 입증된 때에 한하며, 금액을 입증할 수 없는 경우에는 시중 노임단가를 기준으로 함

제9장

반려동물의 외출

반려동물과 외출 시 펫티켓, 주의사항, 안전조치,
배설물 수거 등에 대해서 설명합니다.

펫티켓

펫티켓의 정의

우리가 반려동물을 양육할 때 반려인과 비반려인이 함께 지켜야 할 예의를 '펫티켓'이라고 합니다. 대표적으로 반려동물과 산책을 할 때 지켜야 할 예절을 말합니다. 현재는 '펫'보다는 생명의 존중의 의미로서 '반려동물'이라고 하지만 통용되는 용어라 '펫티켓'이라고 불립니다.

'펫티켓'은 '펫'과 '에티켓'의 합성어로 반려동물을 양육할 때 반려인과 비반려인이 함께 지켜야 할 예의로써 대표적으로 공공장소에서 반려동물과 산책 시 동물등록과 인식표착용, 목줄착용, 배변처리를 위한 배변봉투와 물통지참, 맹견의 입마개 씌우기 등을 말합니다.

'펫티켓'은 반려인과 비반려인이 함께 지켜야 하는 것으로 반려인과 비반려인은 생각의 차이를 가지고 있기 때문에 서로가 서로를 이해해 주어야 합니다.

반려인의 펫티켓

첫째, 동물등록과 인식표착용입니다.

동물등록은 2개월령 이상의 개, 즉 반려동물의 유실·유기 방지 및 반려동물을 잃어버릴 경우 반려인에게 신속히 반환하고 동물 질병을 체계적으로 관리하기 위해 '동물관리시스템'에 등록하는 제도로서 15자리 고유번호를 부여합니다.

☞ 등록대상동물을 등록하지 않으면 100만 원 이하의 과태료가 부과됩니다.

인식표는 삽입하는 내장형 인식칩, 부착하는 외장형 인식표, 목걸이형 일반 등록인식표 등이 있으며 반려인의 정보(이름, 연락처), 반려동물의 정보(이름, 등록번호)가 들어갑니다.

☞ 인식표를 하지 않으면 50만 원 이하의 과태료를 부과합니다.

둘째, 목줄착용입니다.

목줄의 범위는 반려동물을 효과적으로 통제할 수 있고, 다른사람에게 위해를 주지 않는 범위의 길이여야 합니다.

☞ 목줄을 하지 않으면 50만 원 이하의 과태료를 부과합니다.

셋째, 배변처리를 위한 배변봉투와 물통지참입니다.

배변처리를 위해 배변봉투를 지참하여 배설물을 수거하여야 합니다.
물통을 지참하여 소변의 경우 물을 뿌려 정리해 주어야 합니다.

☞ 배설물을 수거하지 않은 반려인은 50만 원 이하의 과태료를 부과할 수 있습니다.

넷째, 맹견의 입마개 씌우기입니다.

월령 3개월 이상의 맹견의 경우는 입마개가 의무입니다.
그 외 보통의 반려동물들에게는 법적으로 입마개는 의무가 아닙니다.
그러나 공격성이 있다면 맹견이 아니더라도 입마개를 하는 것이 펫티켓입니다.

☞ 맹견의 입마개 의무 위반 시에는 300만 원 이하의 과태료가 부과됩니다.

다섯째, 펫티켓을 지키지 않아 발생한 사고에 대해서 처벌받을 수도 있습니다.

국내법으로 「형법」, 「민법」, 「경범죄 처벌법」 등이 있습니다.
특히, 「민법」 제759조(동물의 점유자의 책임), 「형법」 제266조(과실치상) 등이 반려동물의 관리 및 책임에 있어 가장 많이 사용되고 있는 규정입니다.

여섯째, 옆으로 비켜주기

반려동물을 무서워하는 사람과 마주쳤을 때 옆으로 비켜 안전하게 지나갈 때까지 기다려주어야 합니다.

일곱째, 반려인 사이에서 서로 비교하지 않기

자신의 반려동물은 다르지 않다는 것을 인지하고 "우리 아이는 괜찮아요!, 그 아이는 사나운가요?" 등 서로 비교하지 않아야 합니다.

여덟째, 반려동물(습성, 본능 등) 공부하기

나의 반려동물에 대한 습성과 본능 등에 대해서 공부해야 합니다.

아홉째, 반려동물 유기 · 학대 등 하지 않기

반려동물에 대해서 유기하거나 학대하지 않아야 합니다.

비반려인의 펫티켓

첫째, 함부로 만지거나 먹이 주지 않기

반려인 허락없이 반려동물을 만지거나 먹이를 주면 반려인과 반려동물이 싫어할 수도 있고, 놀라서 공격(물림사고 방지 등)을 할 수도 있기 때문에 만지거나 먹이를 줄때는 보호자에게 동의를 얻어야합니다.

둘째, 소리지르지 않기

반려동물에게 큰소리를 지르게 되면 놀라서 흥분할 수 있으니 되도록 조용히 지나가도록 합니다.

셋째, 조용히 지나가기

노란 리본이나 노란 스카프를 달고 있는 반려동물은 나만의 공간이 필요하다는 의미이기 때문에 관심보다는 조용히 지나가 주세요.

반려동물 외출 준비물, 이것만은 꼭 챙기세요!

1. 인식표: 반려동물과 외출 시 소유자의 성명, 전화번호, 동물등록번호가 표시된 인식표 착용을 꼭 해주세요.

2. 목줄: 목줄 착용으로 반려견과 다른 사람의 안전을 지켜주세요.

3. 배변봉투: 공중위생을 위해 잊지 말고 배변봉투를 챙겨주세요.

4. 물통: 물은 반려견의 식수로도 사용하지만 소변 본 자리에 뿌려주는 에티켓도 잊지마세요.

---

21 「동물과 함께 잘 사는 법(농림축산식품부·농림수산식품교육문화정보원, 2016)」, 49면.

인식표 부착하기

반려견의 분실을 방지하기 위해 소유자의 성명, 전화번호, 동물등록번호(등록한 동물만 해당)를 표시한 인식표를 반려견에게 부착시켜야 합니다(「동물보호법」 제13조 제1항, 「동물보호법 시행규칙」 제11조).

☞ 이를 위반하면 50만 원 이하의 과태료를 부과받습니다(「동물보호법」 제47조 제3항 제3호, 「동물보호법 시행령」 제20조 제1항 및 별표 제2호 아목).

인식표가 없이 돌아다니는 개를 발견하면 유기된 것으로 간주해 동물보호시설로 옮기는 등의 조치가 취해질 수 있습니다(「동물보호법」 제14조 제1항 본문).

> **Q & A** [22]
>
> **Q** 내장형 무선식별장치로 등록하면 인식표 부착은 하지 않아도 되나요?
>
> **A** 최초 등록 시에 내장형 무선식별장치로 등록한 경우 인식표 부착은 하지 않아도 되나, 등록대상동물을 기르는 곳에서 벗어나는 경우(외출 시)에는 마이크로칩 삽입 부착 여부와 상관없이 소유자의 성명, 전화번호, 동물등록번호가 표시된 인식표를 부착해야 합니다.

---

22 동물보호관리시스템 – 동물등록 – 동물등록 FAQ 참조.

목줄 등 안전조치하기

소유자와 소유자를 위해 반려동물의 양육·관리 또는 보호에 종사하는 사람(이하 "소유자 등"이라 함)이 반려견을 동반하고 외출하는 경우 목줄을 사용하여야 하며, 목줄은 다른 사람에게 위해(危害)나 혐오감을 주지 않는 범위의 길이를 유지하여야 합니다(「동물보호법」 제13조 제2항, 「동물보호법 시행규칙」 제12조 제1항).

☞ 다만, 소유자 등이 월령 3개월 미만인 등록대상동물을 직접 안아서 외출하는 경우에는 해당 안전조치를 하지 않아도 됩니다(「동물보호법 시행규칙」 제12조 제1항 단서).

또한 사람이나 가축에 해를 끼치는 버릇이 있는 개나 그 밖의 동물을 함부로 풀어놓거나 제대로 살피지 않아 돌아다니게 한 사람은 「경범죄 처벌법」에 따라 10만원 이하의 벌금, 구류 또는 과료에 처해지거나(「경범죄 처벌법」 제3조 제1항 제25호), 5만원의 범칙금을 부과받습니다(「경범죄 처벌법」 제6조 제1항, 「경범죄 처벌법 시행령」 제2조 및 별표).

특히, 다음에 해당하는 맹견이면서 월령이 3개월 이상인 경우에는 목줄과 함께 입마개를 씌워야 합니다(「동물보호법」 제13조 제2항, 「동물보호법 시행규칙」 제12조 제2항 및 제1조의3).

1. 도사견과 그 잡종의 개
2. 아메리칸 핏불 테리어와 그 잡종의 개
3. 아메리칸 스태퍼드셔 테리어와 그 잡종의 개
4. 스태퍼드셔 불 테리어와 그 잡종의 개
5. 로트와일러와 그 잡종의 개

다만, 맹견의 소유자 등은 다음에 해당하는 사항을 충족하는 이동장치를 사용하여 맹견을 이동시킬 경우에는 맹견에게 목줄 및 입마개를 하지 않을 수 있습니다(「동물보호법 시행규칙」 제12조의2 제2항).

- 맹견이 이동장치에서 탈출할 수 없도록 잠금장치를 갖출 것
- 이동장치의 입구, 잠금장치 및 외벽은 충격 등에 의해 쉽게 파손되지 않는 견고한 재질일 것

☞ 이를 위반하면 300만 원 이하의 과태료를 부과받습니다(「동물보호법」 제47조 제3항 제4호, 「동물보호법 시행령」 제20조 제1항 및 별표 제2호 자목).

배설물 수거하기

반려견과 외출 시 공중위생을 위해 배설물(소변의 경우에는 공동주택의 엘리베이터·계단 등 건물 내부의 공용공간 및 평상·의자 등 사람이 눕거나 앉을 수 있는 기구 위의 것으로 한정함)이 생기면 바로 수거해야 합니다(「동물보호법」 제13조 제2항).

☞ 이를 위반하면 50만 원 이하의 과태료를 부과받습니다(「동물보호법」 제47조 제3항 제4호, 「동물보호법 시행령」 제20조 제1항 및 별표 제2호 차목).

또한 반려동물을 데리고 외출했을 때 배설물(대변)이 생기면 이를 반드시 수거해야 합니다. 그렇지 않으면 10만 원 이하의 벌금, 구류 또는 과료에 처해지거나(「경범죄 처벌법」 제3조 제1항 제12호), 5만 원의 범칙금을 부과받습니다(「경범죄 처벌법」 제6조 제1항, 「경범죄 처벌법 시행령」 제2조 및 별표).

제10장

반려동물의 공원이용

반려동물과 공원 등 대중장소 이용하기 등에 대해서 설명합니다.

공원 입장제한 여부 확인하기

　　반려동물과 국립공원 · 도립공원 · 군립공원과 같은 정부 지정 자연공원에 갈 때는 미리 가려는 장소의 공원관리청 홈페이지를 통해서 반려동물의 출입이 허용되는지를 알아보는 것이 좋습니다. 해당 자연공원을 관리하는 공원관리청이 자연생태계와 자연경관 등을 보호하기 위해서 반려동물의 입장을 제한하거나 금지할 수 있기 때문입니다(「자연공원법」 제29조 제1항, 「자연공원법 시행령」 제26조 제4호).

　　반려동물의 출입가능 여부는 홈페이지뿐만 아니라 공원 입구에 설치된 안내판에도 게시되어 있으니(「자연공원법」 제29조 제2항 참조) 입장 전에 미리 확인하시기 바랍니다.

　　특히, 국립수목원 또는 공립수목원에는 반려동물과 함께 입장하는 것(장애인이 장애인 보조견과 함께 입장하는 행위는 제외함)을 금지하고 있습니다(「수목원 · 정원의 조성 및 진흥에 관한 법률」 제17조의2 제3호, 「수목원 · 정원의 조성 및 진흥에 관한 법률 시행령」 제8조의2 제1항 제8호). 따라서 국립수목원이나 공립수목원을 가시는 경우에는 반려동물은 데리고 가지 말아야 합니다.

☞ 입장이 금지나 제한된 공원에 반려동물과 출입하면 200만 원 이하의 과태료를 부과받습니다(「자연공원법」 제86조 제1항 제6호, 「자연공원법 시행령」 제46조 및 별표3 제2호 카목).

☞ 출입이 금지된 국립수목원 또는 공립수목원에 반려동물과 함께 출입하면 10만 원 이하의 과태료를 부과받습니다(「수목원 · 정원의 조성 및 진흥에 관한 법률」 제24조 제2항, 「수목원 · 정원의 조성 및 진흥에 관한 법률 시행령」 제12조 및 별표4 제2호 타목).

공원에서 금지되는 행동

자연공원뿐만 아니라 도시지역 내에 위치한 도시공원에서도 다음과 같은 행동을 하는 것을 금지합니다(「자연공원법」 제27조 제1항 제11호, 「도시공원 및 녹지 등에 관한 법률」 제49조 제1항 제3호 · 제4호, 제2항 제2호).

1. 심한 소음 또는 악취가 나게 하는 등 다른 사람에게 혐오감을 주는 행위
2. 동반한 반려동물의 배설물을 수거하지 않고 방치하는 행위
3. 반려동물을 통제할 수 있는 줄을 매지 않고 입장하는 행위

공원에서 금지행위를 하면?

이를 위반해서 공원에서 위의 금지행위를 하면 10만 원 이하의 과태료를 부과받습니다(「자연공원법」제86조 제3항, 「자연공원법 시행령」제46조 및 별표3 제2호 사목, 「도시공원 및 녹지 등에 관한 법률」제56조 제2항, 「도시공원 및 녹지 등에 관한 법률 시행령」제51조 제1항 및 별표4).

반려동물과 백화점 등 대중장소 출입하기

• 반려동물의 백화점, 대형마트 등 대중장소 입장 여부는 각 업소마다 다를 수 있으므로, 가려는 업소에 전화문의 등을 통해 확인해 보시기 바랍니다. 백화점, 대형마트 등은 사람이 밀집한 장소의 반려동물 출입에 관한 사항은 각 업소에서 임의로 정한 지침에 따르고 있기 때문입니다.

• 실제로 대형마트 등은 영업점 지침에 따라 반려동물의 마트 내 출입을 금지하고, 입구 또는 고객센터 등에 보관하도록 하고 있습니다.

Q & A [23]

Q. **반려견이 목줄 없이 자유롭게 뛰어 놀 수 있는 장소는 없나요?**

A 반려동물 놀이터가 있습니다. 반려동물 놀이터는 도시 공원 내 반려견이 목줄 없이 자유롭게 산책이나 운동을 할 수 있도록 한 공간입니다. 반려동물 놀이터는 각 지방자치단체에서 설치하므로 거주 지역에서 반려동물 놀이터를 이용하고자 할 경우에는 해당 지방자치단체에 문의하셔야 합니다.

---

23 서울특별시 공식블로그 – 서울 반려견 놀이터 이용안내.

제11장

반려동물의
대중교통 이용

반려동물과 자가운전, 대중교통(버스, 전철, 기차, 비행기 등),
그 밖의 교통수단 이용 등에 대해서 설명합니다.

자가운전

반려동물을 안은 상태에서의 운전금지

차를 직접 운전해서 반려동물과 이동할 수 있습니다. 다만, 안전운전을 위해 반려동물을 안은 상태로 운전해서는 안 됩니다(「도로교통법」 제39조 제5항).

> "차"란 자동차, 건설기계, 원동기장치자전거, 자전거, 사람 또는 가축의 힘이
> 나 그 밖의 동력(動力)으로 도로에서 운전되는 것(다만, 철길이나 가설(架設)된 선을 이용
> 하여 운전하는 것, 유모차나 식품의약품안전처장이 정하는 의료기기의 규격에 따른 수동휠체어,
> 전동휠체어 및 의료용 스쿠터의 기준에 적합한 것은 제외함)을 말합니다(「도로교통법」 제2조
> 제17호 가목, 「도로교통법 시행규칙」 제2조).

차량 내에서 반려동물이 호기심으로 이리저리 움직이거나 갑작스러운 돌발행동을 할 경우, 운전에 심각한 방해가 되어 직·간접적으로 교통사고를 유발하게 됩니다. 그러므로 다른 운전자의 안전을 위해서 반려동물을 안고 운전하는 행위를 해서는 안 됩니다.

☞ 이를 위반해 반려동물을 안은 상태로 운전하면 20만 원 이하의 벌금이나 구류 또는 과료에 처할 수 있고 (「도로교통법」 제156조 제1호), 5만 원의 범칙금을 부과받습니다(「도로교통법」 제162조, 「도로교통법 시행령」 제93 조 제1항 및 별표8 제33호).

대중교통(시내버스, 전철, 기차, 비행기)

시내버스

이동장비에 넣는 등 안전조치를 취한 후 탑승하기

시내버스를 이용해서 반려동물과 이동하는 것은 제한이 따를 수 있습니다. 버스운송회사마다 운송약관과 영업지침에 따라 약간씩 차이가 있긴 하지만, 대부분의 경우 반려동물의 크기가 작고 운반용기를 갖춘 경우에만 탑승을 허용하고 있기 때문입니다(「여객자동차 운수사업법」 제9조, 「서울특별시 시내버스 운송사업 약관」 제10조 제3호). 따라서 이용하려는 시내버스의 운송회사에 미리 반려동물의 탑승가능 여부를 알아보는 것이 좋습니다.

☞ 이를 위반하면 탑승이 거절될 수 있습니다(「서울특별시 시내버스 운송사업 약관」 제12조 제1호 및 제2호).

고속버스 · 시외버스

이동장비에 넣는 등 안전조치를 취한 후 탑승하기

고속버스 또는 시외버스를 이용해서 반려동물과 이동하는 것은 제한이 따를 수 있습니다. 버스운송회사마다 운송약관과 영업지침에 약간씩 차이가 있긴 하지만, 대부분의 경우 전용이동장비에 넣은 반려동물은 탑승을 허용하고 있기 때문입니다 (「여객자동차 운수사업법」 제9조, 「고속버스운송사업 운송약관」 제25조 제2호, 「경기도 시외버스 운송사업 운송약관」 제22조 제3호). 따라서 이용하려는 고속버스와 시외버스의 운송회사에 미리 반려동물의 탑승가능 여부를 알아보는 것이 좋습니다.

☞ 이를 위반하면 탑승이 거절될 수 있습니다(「고속버스 운송사업 운송약관」 제20조 제2호, 「경기도 시외버스 운송사업 운송약관」 제17조 제2호 및 제27조 제1호).

전철 (광역철도 · 도시철도)

이동장비에 넣는 등 안전조치를 취한 후 탑승하기

광역전철 또는 도시철도를 이용해서 반려동물과 이용하는 것은 제한이 따를 수 있습니다. 반려동물을 이동장비에 넣어 보이지 않게 하고, 불쾌한 냄새가 발생하지 않게 하는 등 다른 여객에게 불편을 줄 염려가 없도록 안전조치를 취한 후 탑승해야 하기 때문입니다(「도시철도법」 제32조, 「광역철도 여객운송 약관」 제31조 제2호, 제32조 제1항, 「서울교통공사 여객운송약관」 제34조 제1항 제4호).

☞ 이를 위반하면 탑승이 거절될 수 있습니다(「광역철도 여객운송 약관」 제6조 제3항 제3호, 「서울교통공사 여객운송 약관」 제36조).

기차

이동장비에 넣는 등 안전조치를 취한 후 탑승하기

철도를 이용해서 반려동물과 이동하는 것은 제한이 따를 수 있습니다. ① 반려동물(이동장비를 포함)의 크기가 좌석 또는 통로를 차지하지 않는 범위 이내로 제한되며, ② 다른 사람에게 위해나 불편을 끼칠 염려가 없는 반려동물을 전용가방 등에 넣어 외부로 노출되지 않게 하고, 광견병 예방접종 등 필요한 예방접종을 한 경우 등 안전조치를 취한 후 탑승해야 하기 때문입니다(「철도안전법」 제47조 제7호, 「철도안전법 시행규칙」 제80조 제1호, 「한국철도공사 여객운송약관」 제22조 제1항 제2호).

☞ 이를 위반하면 탑승이 거절되거나 퇴거조치될 수 있으며(「철도안전법」 제50조 제4호, 「한국철도공사 여객운송약관」 제5조 제1항·제2항), 위반 시 5만 원의 과태료를 부과받습니다(「철도안전법」 제81조 제1항 제11호, 「철도안전법 시행령」 제64조 및 별표6 제2호 로목).

> **장애인 보조견 탑승 거부 제한**
>
> • 누구든지 장애인 보조견표지를 붙인 장애인 보조견을 동반한 장애인이 대중교통수단을 이용하려고 할 때에는 정당한 사유 없이 거부해서는 안 됩니다(「장애인복지법」 제40조 제3항 전단).
>
> • 이를 위반해 장애인 보조견표지가 있는데 정당한 이유 없이 장애인 보조견의 탑승을 거부하면 300만 원 이하의 과태료를 부과받습니다(「장애인복지법」 제90조 제3항 제3호, 「장애인복지법 시행령」 제46조 및 별표5 제2호 다목).

비행기

탑승가능 여부 문의하기

비행기를 이용해서 반려동물과 이동하는 것은 제한이 따를 수 있습니다. 항공사마다 운송약관과 영업지침에 약간씩 차이가 있긴 하지만, 국내 항공사들은 일반적으로 탑승 가능한 반려동물을 생후 8주가 지난 개, 고양이, 새로 한정하고, 보통 케이지 포함 5~7kg 이하일 경우 기내반입이 가능하며, 그 이상은 위탁수하물로 운송해야 합니다(「항공사업법」 제62조 제1항, 「대한항공 국내여객운송약관」 제31조, 「대한항공 국제여객운송약관」 제10조 제9호, 「아시아나 국내여객운송약관」 제29조, 「아시아나 국제여객운송약관」 제9조 제10호).

케이지 준비하기

케이지는 잠금장치가 있고 바닥이 밀폐되어야 합니다. 항공사마다 특정 케이지를 요구할 수 있으므로 사전에 확인해야 합니다.

항공사에 수하물서비스 신청하기

비행기를 이용해서 반려동물과 이동할 경우에는 이용하려는 항공사에 연락해서 미리 상담한 후 반려동물 수하물서비스를 신청하는 것이 좋습니다. 항공사마다 운송약관과 운영 지침에 약간씩 차이가 있어 일부 항공사의 경우 반려동물의 종(種) 또는 총중량(운반용기를 포함)에 따라 기내 반입 또는 수하물 서비스가 거절될 수 있습니다.

반려동물의 운반비용은 여객의 무료 수하물 허용량에 관계없이 반려동물의 총중량(운반용기를 포함)을 기준으로 초과 수하물 요금이 적용됩니다(「대한항공 국내여객운송약관」 제31조 제2호 다목, 「대한항공국제여객운송약관」 제10조 제9호 라목, 「아시아나 국내여객운송약관」 제29조 제2호 다목, 「아시아나 국제여객운송약관」 제9조 제10호 다목).

그 밖의 교통수단(택시, 연안여객선, 화물자동차)

택시

택시에 반려동물과 함께 탑승할 수 있는지는 택시사업자가 정하는 운송약관 또는 영업지침에 따라 결정됩니다(「여객자동차 운수사업법」제9조).

연안여객선

연안여객선을 이용해서 반려동물과 이동하는 것은 제한이 따를 수 있습니다. 연안여객회사마다 운송약관과 영업지침에 약간씩 차이가 있긴 하지만, 대부분의 경우 전용이동장비에 넣은 반려동물은 탑승을 허용하고 있기 때문입니다(「해운법」제11조의2, 「연안여객선 운송약관」제29조 제3항). 따라서 이용하려는 연안여객회사에 미리 반려동물의 탑승가능 여부를 알아보는 것이 좋습니다.

화물자동차

　　반려동물과 위의 대중교통수단을 이용하는 것이 어려운 경우에는 화물운송을 이용하는 것도 한 방법입니다. 반려동물의 중량이 **20kg** 이상이거나, 혐오감을 주는 동물인 경우에는 밴형 화물자동차에 반려동물과 동승할 수 있습니다(「화물자동차 운수사업법」 제2조 제3호, 「화물자동차 운수사업법 시행규칙」 제3조의2).

제12장

반려동물의 해외여행

반려동물과 해외여행을 가기 위한 외국 검역서류 준비, 검역증명서 발급,

혼자 두고 여행하기 등에 대해서 설명합니다.

국가별 검역조건 확인

반려동물을 데리고 입국하려는 국가가 동물 입국이 가능한 국가인지 확인해야 합니다. 일부 국가는 동물 입국을 금지하고 있으며, 견종에 따라 제한을 받을 수도 있습니다.

또한 국가마다 반려동물 검역 기준과 준비해야 하는 서류가 다르므로 반려동물을 데리고 입국하려는 국가의 대사관 또는 동물검역기관에 문의해 검역 조건을 확인해야 합니다.

반려동물의 국가별 검역조건은 입국하려는 국가의 대사관 또는 동물검역기관에 직접 문의하거나 농림축산검역본부(www.qia.go.kr) 국가별 검역조건에서 확인할 수 있습니다.

검역증명서 발급

　입국하려는 국가가 동물검역을 요구하는 국가인 경우 출국 당일 다음 서류를 갖춘 후 공항 내에 있는 동식물 검역소를 방문해서 검역을 신청하면, 신청 당일에 서류검사와 임상검사를 거쳐 이상이 없을 경우 검역증명서를 발급받을 수 있습니다[「가축전염병 예방법」 제41조 제1항, 「가축전염병 예방법 시행규칙」 제37조 제1항 제1호, 「지정검역물의 검역방법 및 기준」(농림축산검역검본부 고시 제2019-73호, 2019. 10. 28. 일부개정, 2019. 10. 28. 시행) 제25조 제1항 및 제29조 제1호].

　1. 동물검역신청서
　2. 예방접종증명서 및 건강을 증명하는 서류
　3. 상대국 요구사항(요구사항이 있는 경우에 한함)

　광견병 예방접종은 1개월이 지나야 효력이 생기므로 미리 접종해야 하고, 주요 국가는 동물의 신상정보가 담긴 마이크로칩 이식이 의무인 경우가 있으므로 미리 확인하고 준비해야 합니다.

☞ 이를 위반해서 검역을 받지 않고 출국하면 300만 원 이하의 과태료를 부과받습니다(「가축전염병 예방법」 제60조 제2항 제9호, 「가축전염병 예방법 시행령」 제16조 및 별표3 제2호 보목).

　　농림축산검역본부 수출애완동물 검역예약시스템에 회원가입을 하면 미리 검역예약을 할 수 있습니다.

동물위탁관리업이란?

　　동물위탁관리업은 반려동물 소유자의 위탁을 받아 반려동물을 영업장 내에서 일시적으로 양육, 훈련 또는 보호하는 영업을 말합니다(「동물보호법」 제32조 제1항 제6호 및 제2항, 「동물보호법 시행규칙」 제36조 제6호). 동물위탁관리업에는 반려견 호텔, 반려견 훈련소, 반려견 유치원 등이 이에 포함될 수 있습니다.

동물위탁관리업 등록 여부 확인

　동물위탁관리업은 필요한 시설과 인력을 갖추어서 시장·군수·구청장(자치구의 구청장을 말함)에 동물위탁관리업 등록을 해야 하므로(「동물보호법」 제32조 제1항 제6호, 제33조 제1항, 「동물보호법 시행규칙」 제35조 제2항, 별표9) 반드시 시·군·구에 등록된 업체인지 확인해야 합니다.

　동물위탁관리업자에게는 일정한 준수의무가 부과(「동물보호법」 제36조, 「동물보호법 시행규칙」 제43조 및 별표10)되기 때문에 동물위탁관리업 등록이 된 곳에 반려동물을 위탁한 경우에만 나중에 분쟁이 발생했을 때 훨씬 대처하기 쉬울 수 있습니다.

　동물위탁관리업 등록 여부는 영업장 내에 게시된 동물위탁관리업 등록증으로 확인할 수 있습니다(「동물보호법 시행규칙」 제37조 제4항, 제43조, 별표10 제1호 가목, 별지 제16호 서식).

☞ 이를 위반해서 동물위탁관리업자가 동물위탁관리업 등록을 하지 않고 영업하면 500만 원 이하의 벌금에 처해집니다(「동물보호법」 제46조 제2항 제2호).

반려동물 위탁관리 계약서 받기

동물위탁관리업자는 위탁관리하는 동물에 대하여 다음의 내용이 담긴 계약서를 제공해야 합니다.(『동물보호법 시행규칙』 제43조 및 별표10 제2호 바목 6)).

- 등록번호, 업소명 및 주소, 전화번호
- 위탁관리하는 동물의 종류, 품종, 나이, 색상 및 그 외 특이사항
- 제공하는 서비스의 종류, 기간 및 비용
- 위탁관리하는 동물에게 건강 문제가 발생했을 때 처리방법

제13장

반려동물의 실종

반려동물의 실종신고, 찾기 등 전반에 대해서 설명합니다.

반려동물 실종신고[24]

동물등록이 되어 있는 반려동물을 잃어버린 경우에는 다음의 서류를 갖추어서 등록대상동물을 잃어버린 날부터 10일 이내에 시장 · 군수 · 구청장(자치구의 구청장을 말함) · 특별자치시장(이하 "시장 · 군수 · 구청장"이라 함)에게 실종신고를 해야 합니다(「동물보호법」 제12조 제2항 제1호 및 「동물보호법 시행규칙」 제9조 제2항).

- 동물등록 변경신고서(「동물보호법 시행규칙」 별지 제1호서식)
- 동물등록증
- 주민등록표 초본(「전자정부법」 제36조 제1항에 따른 전자적 확인에 동의하지 않는 경우에만 첨부)

잃어버린 반려동물에 대한 정보는 동물보호관리시스템(www.animal.go.kr)에 공고됩니다(「동물보호법 시행규칙」 별지 제1호서식 변경신고 안내란).

반려동물은 분실이라는 용어를 사용하지만 저자는 생명의 개념을 부여하여 실종이라는 표현을 사용합니다.

---

24 동물보호관리시스템(www.animal.go.kr)에서도 실종신고가 가능합니다.

반려동물 찾기

주변 탐문

반려동물을 잃어버렸다면, 먼저 잃어버린 장소를 중심으로 그 주변에 있는 사람들에게 도움을 청하고, 근처 동물병원과 반려견 센터 및 반려견 샵을 확인해 보는 것이 좋습니다.

또한 개인적으로 전단지를 만들어 탐문조사 시 사람들에게 나누어 줄 수 있으며, 반려동물을 잃어버린 지역에서 발행되는 지역정보지 등에 반려동물을 찾는 광고를 할 수도 있습니다.

인터넷 사이트 활용

주변 탐문 후에도 찾지 못했을 경우에는 동물보호관리시스템(www.animal.go.kr)을 통해 실종신고를 해야 합니다. 또한 동물보호관리시스템을 통해서 전국에서 구조된 동물들을 확인할 수 있습니다.

지역에 따라 자체관리로 동물보호관리시스템(www.animal.go.kr)에 포함되지 않을 수 있으니, 자세한 것은 해당지역 지방자치단체의 동물보호담당자에게 문의하는 것이 좋습니다.

또한 해당 시·군·구의 인터넷 홈페이지 공고란 또는 해당 시·군·구에 소재하는 동물보호센터를 찾아보아야 하고, 동물보호를 목적으로 하는 법인이나 단체의 홈페이지도 확인해 보는 것이 좋습니다.

동물보호센터

지방자치단체에서는 도로ㆍ공원 등의 공공장소를 돌아다니는 반려동물을 발견하면 그 동물을 해당 지방자치단체에서 운영 또는 위탁한 동물보호센터에서는 구조한 동물을 일정기간 보호하면서 소유자와 소유자를 위해 반려동물의 양육ㆍ관리 또는 보호에 종사하는 사람(이하 "소유자 등"이라 함)이 반려동물을 찾을 수 있도록 7일 이상 공고하고 있습니다(「동물보호법」 제17조 및 「동물보호법 시행령」 제7조 제1항).

따라서 해당 지방자치단체의 인터넷 홈페이지 공고란 또는 해당 지방자치단체에 소재하는 동물보호센터를 찾아보아야 합니다.

경찰서

반려동물이 다른 사람에 의해 구조되었다면 그 사람이 경찰서(지구대ㆍ파출소ㆍ출장소를 포함) 또는 자치경찰단 사무소(제주특별자치도의 경우)에 습득사실을 알렸을 수 있습니다(「유실물법」 제1조 제1항, 제12조, 「유실물법 시행령」 제1조 제1항).

반려동물의 습득신고를 받으면 해당 경찰서 등 게시판에 습득사실이 공고되므로 관할 경찰서 등도 확인해 보아야 합니다(「유실물법」 제1조 제2항 후단, 「유실물법 시행령」 제3조 제1항).

반려동물 주인 찾기

길을 잃고 방황하는 반려동물을 보면, 주변에 소유자와 소유자를 위해 반려동물의 양육·관리 또는 보호에 종사하는 사람(이하 "소유자 등"이라 함)이 있는지 먼저 확인해야 합니다. 소유자 등이 그 동물을 잠시 풀어놓은 것일 수도 있고, 반려동물이 없어진 사실을 알고 찾는 중일 수도 있기 때문입니다.

만일, 소유자 등을 찾지 못했다면 다음과 같은 방법을 통해 주인을 찾아줍니다.

- 동물보호상담센터(☎ 1577-0954)에 전화해서 동물 발견사실을 신고하거나 관할 지방자치단체, 해당 유기동물 보호시설에 신고해야 합니다.
- 해당 지역의 동물보호센터에 전화해서 동물을 맡깁니다.
- 경찰서(지구대·파출소·출장소를 포함) 또는 자치경찰단 사무소(제주특별자치도의 경우)에 동물을 맡깁니다(「유실물법」 제1조 제1항 및 제12조, 「유실물법 시행령」 제1조 제1항).

유기 및 유실동물의 신고

누구든지 버려지거나(유기된) 주인을 잃은(유실된) 동물을 발견한 경우에는 관할 지방자치단체의 장 또는 동물보호센터에 신고할 수 있습니다(「동물보호법」 제16조 제1항 제2호).

또한 다음에 해당하는 사람은 그 직무상 유실 및 유기된 동물을 발견한 경우에는 지체 없이 관할지방자치단체의 장 또는 동물보호센터에 신고해야 합니다(「동물보호법」 제16조 제2항).

- 「민법」 제32조에 따른 동물보호를 목적으로 하는 법인과 「비영리민간단체 지원법」 제4조에 따라 등록된 동물보호를 목적으로 하는 단체의 임원 및 회원
- 「동물보호법」 제15조 제1항에 따라 설치되거나 동물보호센터로 지정된 기관의 장과 그 종사자
- 동물실험윤리위원회를 설치한 동물실험시행기관의 장과 그 종사자
- 동물실험윤리위원회의 위원
- 동물복지축산농장으로 인증을 받은 사람
- 동물장묘업(動物葬墓業), 동물판매업, 동물수입업, 동물전시업, 동물위탁관리업, 동물미용업, 동물운송업으로 등록하여 영업하는 사람과 종사자, 동물생산업의 허가를 받아 영업하는 사람과 그 종사자
- 수의사, 동물병원의 장과 그 종사자

제14장

반려동물의 유기

반려동물 유기(遺棄)의 정의, 유기된 반려동물 보호 등에 대한 조치 등에
대해서 설명합니다.

반려동물의 유기(遺棄)란?

반려동물의 유기(遺棄)는 반려동물을 '내다 버림', '종래의 보호를 거부하여 보호받지 못하는 삶애에 두는 일' 등을 말합니다.

반려동물 유기(遺棄) 금지

반려동물을 계속 기를 수 없다고 해서 그 반려동물을 버려서는 안 됩니다(「동물보호법」 제8조 제4항).

〈유기동물 방지 캠페인〉
"놓지.. 마세요"

버려진 반려동물은 길거리를 돌아다니다가 굶주림 · 질병 · 사고 등으로 몸이 약해져 죽음에 이를 수 있고, 구조되어 동물보호시설에 보호조치 되더라도 일정 기간이 지나면 관할 지방자치단체가 동물의 소유권을 취득하여 기증 및 분양하거나 경우에 따라서는 수의사에 의한 인도적 방법에 따른 처리가 될 수 있습니다(「동물보호법」 제20조, 제21조, 제22조 참조).

반려동물의 유기를 막기 위해서는 무엇보다도 반려동물이 죽음을 맞이할 때까지 평생 동안 적절히 보살피는 등 소유자가 보호자로서의 책임을 다하는 자세가 필요하며, 부득이한 경우에는 동물보호단체 등과 상담해 보시기 바랍니다.

반려동물을 유기하면?

이를 위반하여 반려동물을 유기하면 300만 원 이하의 과태료를 부과받습니다(「동물보호법」 제47조 제1항 제1호, 「동물보호법 시행령」 제20조 제1항 및 별표 제2호 가목).

또한 맹견을 유기하면 2년 이하의 징역 또는 2천만 원 이하의 벌금에 처해집니다(「동물보호법」 제46조 제2항 제1호의2).

동물보호센터의 보호조치

도로 · 공원 등의 공공장소에서 소유자 없이 배회하거나 사람으로부터 내버려진 반려동물 중 관할 지방자치단체장에 의해 구조되어 관할 지방자치단체에서 설치 · 운영 또는 위탁한 동물보호센터로 옮겨집니다(「동물보호법」 제14조 제1항 및 제15조 제1항 참조).

유기 및 유실동물의 처리절차[25]

유기 및 유실동물은 관할 지방자치단체장에 의해 구조되어 관할 동물보호센터로 옮겨진 후 다음과 같은 절차를 따르게 됩니다.

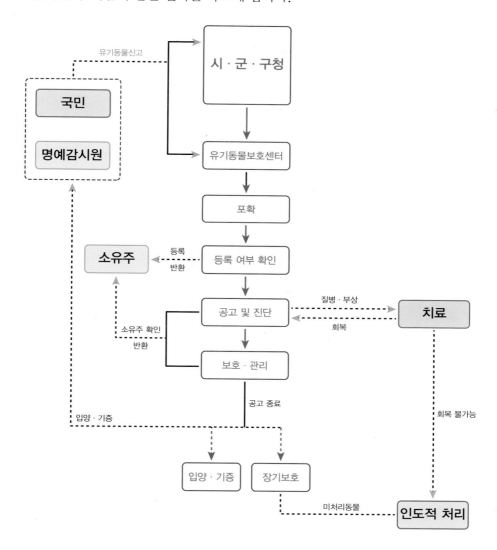

---

25 동물보호관리시스템(www.animal.go.kr).

유기동물 공고

관할 지방자치단체에서 운영 또는 위탁한 동물보호센터에서는 구조한 동물을
보호하고 있는 경우에는 동물의 소유자와 일시적 또는 영구적으로 동물을 양육 · 관
리 또는 보호하는 사람(이하에서는 "소유자 등"이라 함)이 보호조치 사실을 알 수 있도록
동물보호관리시스템에 7일 이상 그 사실을 공고하여야 합니다(「동물보호법」제17조,
「동물보호법 시행령」제7조 제1항).

유기동물 공고 이후 주인을 찾은 경우

유기동물 공고 이후 소유자가 그 동물에 대하여 반환을 요구하는 경우 그 동물을 소유자에게 반환하여야 합니다(「동물보호법」 제18조 제1항 제1호).

다만, 소유자에게 동물의 보호비용이 청구될 수 있습니다(「동물보호법」 제19조 제1항).

유기동물 공고 이후 주인을 찾지 못한 경우

유기동물 공고가 있는 날부터 10일이 지나도 소유자 등을 알 수 없는 경우에는 「유실물법」 제12조 및 「민법」 제253조에도 불구하고 해당 지방자치단체장이 그 동물의 소유권을 취득하게 됩니다(「동물보호법」 제20조 제1호).

동물의 소유권을 취득한 지방자치단체장은 동물이 적정하게 양육·관리될 수 있도록 특별시·광역시·도 및 특별자치도의 조례로 정하는 바에 따라 동물원, 동물을 애호하는 사람, 민간단체 등에 기증되거나 분양할 수 있습니다(「동물보호법」 제21조 제1항).

또한 보호조치 중인 동물에게 질병 등 다음과 같은 사유가 있는 경우에는 인도적인 방법으로 처리됩니다[「동물보호법」 제22조 제1항, 「동물보호법 시행규칙」 제22조, 「동물보호센터 운영 지침」 (농림축산식품부 고시 제2016-18호, 2016. 3. 4. 발령·시행) 제20조, 제21조, 제22조].

- 동물이 질병 또는 상해로부터 회복될 수 없거나 지속적으로 고통을 받으며 살아야 할 것으로 수의사가 진단한 경우
- 동물이 사람이나 보호조치 중인 다른 동물에게 질병을 옮기거나 위해를 끼칠 우려가 매우 높은 것으로 수의사가 진단한 경우
- 기증 또는 분양이 곤란한 경우 등 관할 지방자치단체장이 부득이한 사정이 있다고 인정하는 경우

길고양이의 중성화(TNR) 조치

길고양이는?

　도심지나 주택가에서 자연적으로 번식하여 자생적으로 살아가는 고양이(이하 "길고양이"라 함)로서 개체 수 조절을 위해 중성화(中性化)하여 포획장소에 방사(放飼)하는 등의 조치대상이거나 조치가 된 고양이로 구조·보호조치의 대상에서 제외된 동물입니다(「동물보호법」 제14조 제1항 단서, 「동물보호법 시행규칙」 제13조 제1항).

길고양이 중성화란?

- 길고양이는 주인을 찾기 위한 목적으로 운영되는 동물보호센터에서 보호조치하는 대신 포획(Trap)해 중성화 수술(Neuter)을 한 뒤 제자리에 방사(Return)합니다[동물보호법 시행규칙」 제13조 제1항, 「고양이 중성화사업 실시 요령」(농림축산식품부고시 제2016-17호, 2016. 3. 4. 발령·시행) 제6조, 제7조, 제8조].

- 길고양이 중성화사업은 길고양이의 개체 수를 조절해 길고양이 발정이나 영역다툼으로 인한 소음을 줄여 사람과 길고양이가 함께 공존하기 위함입니다.

- 길고양이 중성화사업은 특별시장·광역시장·도지사 및 특별자치도지사·특별자치시장 또는 시장·군수·구청장(자치구의 구청장을 말함)이 시행 또는 위탁합니다(「고양이 중성화사업 실시 요령」 제2조). 그러므로 길고양이를 발견하면 해당 지역 지방자치단체에 신고하시면 됩니다.

제15장

반려동물의 학대

반려동물 학대의 정의, 금지된 학대행위, 학대 신고, 처벌 등에 대해서 설명합니다.

동물학대의 정의

　"동물학대"란 동물을 대상으로 정당한 사유 없이 불필요하거나 피할 수 있는 신체적 고통과 스트레스를 주는 행위 및 굶주림, 질병 등에 대하여 적절한 조치를 게을리 하거나 방치하는 행위를 말합니다(「동물보호법」 제2조 제1호의2).

반려동물에 금지되는 학대행위

반려동물 학대 금지

　누구든지 반려동물에게 다음의 학대행위 등을 해서는 안 됩니다(「동물보호법」 제8조 제1항부터 제3항까지, 「동물보호법 시행규칙」 제4조 제1항·제2항·제3항·제6항).

- 목을 매다는 등의 잔인한 방법으로 죽음에 이르게 하는 행위
- 길거리 등 공개된 장소에서 죽이거나 같은 종류의 다른 동물이 보는 앞에서 죽음에 이르게 하는 행위
- 고의로 사료 또는 물을 주지 아니하는 행위로 인하여 동물을 죽음에 이르게 하는 행위
- 사람의 생명·신체에 대한 직접적 위협이나 재산상의 피해를 방지하기 위하여 다른 방법이 있음에도 불구하고 동물을 죽음에 이르게 하는 행위
- 동물의 습성 및 생태환경 등 부득이한 사유가 없음에도 불구하고 해당 동물을 다른 동물의 먹이로 사용하는 경우

- 도구 · 약물 등 물리적 · 화학적 방법을 사용하여 상해를 입히는 행위
  - → 다만, 질병의 예방이나 치료, 동물실험, 긴급한 사태가 발생한 경우 해당 동물을 보호하기 위하여 하는 행위는 제외합니다.

- 살아 있는 상태에서 동물의 신체를 손상하거나 체액을 채취하거나 체액을 채취하기 위한 장치를 설치하는 행위
  - → 다만, 질병의 예방이나 치료, 동물실험, 긴급한 사태가 발생한 경우 해당 동물을 보호하기 위하여 하는 행위는 제외합니다.

- 도박 · 광고 · 오락 · 유흥 등의 목적으로 동물에게 상해를 입히는 행위
  - → 다만, 「전통 소싸움 경기에 관한 법률」에 따른 소싸움으로서 「지방자치단체장이 주관(주최)하는 민속 소싸움 경기」(농림축산식품부고시 제2013-57호, 2013. 5. 27. 일부개정)에서 정하는 민속소싸움 경기는 제외합니다.

- 사람의 생명 · 신체에 대한 직접적 위협이나 재산상의 피해를 방지하기 위하여 다른 방법이 있음에도 불구하고 동물에게 신체적 고통을 주거나 상해를 입히는 행위
- 동물의 습성 또는 양육환경 등의 부득이한 사유가 없음에도 불구하고 동물을 혹서 · 혹한 등의 환경에 방치하여 신체적 고통을 주거나 상해를 입히는 행위
- 갈증이나 굶주림의 해소 또는 질병의 예방이나 치료 등의 목적 없이 동물에게 음식이나 물을 강제로 먹여 신체적 고통을 주거나 상해를 입히는 행위
- 동물의 양육 · 훈련 등을 위하여 필요한 방식이 아님에도 불구하고 다른 동물과 싸우게 하거나 도구를 사용하는 등 잔인한 방식으로 신체적 고통을 주거나 상해를 입히는 행위
- 유실 · 유기동물 또는 피학대 동물 중 소유자를 알 수 없는 동물에 대하여 포획하여 판매하거나 죽이는 행위, 판매하거나 죽일 목적으로 포획하는 행위
- 유실 · 유기동물 또는 피학대 동물 중 소유자를 알 수 없는 동물임을 알면서도 알선 · 구매하는 행위

반려 목적으로 기르는 동물에 대한 양육 · 관리 의무 위반

반려(伴侶) 목적으로 기르는 개, 고양이, 토끼, 페럿, 기니피그 및 햄스터에게 최소한의 양육공간 제공 등 양육 · 관리 의무를 위반하여 상해를 입히거나 질병을

유발하는 행위를 해서는 안 됩니다(「동물보호법」제8조 제2항, 「동물보호법 시행규칙」제4조 제4항 및 제5항, 별표1의2).

반려동물 유기 금지

소유자와 소유자를 위해 반려동물의 양육 · 관리 또는 보호에 종사하는 사람(이하 "소유자 등"이라 함)은 반려동물을 유기(遺棄)해서는 안 됩니다(「동물보호법」제8조 제4항).

그 밖의 금지 행위

누구든지 다음의 행위를 해서는 안 됩니다(「동물보호법」제8조 제5항 및 「동물보호법 시행규칙」제4조 제7항 · 제8항).

- 「동물보호법」제8조 제1항부터 제3항까지에 해당하는 행위를 촬영한 사진 또는 영상물을 판매 · 전시 · 전달 · 상영하거나 인터넷에 게재하는 행위
  → 다만, 국가기관, 지방자치단체 또는 민간단체가 동물보호 의식을 고양시키기 위한 목적으로 촬영한 사진 또는 영상물(이하에서는 "사진 또는 영상물"이라 함)에 기관 또는 단체의 명칭과 해당 목적을 표시하여 판매 · 전시 · 전달 · 상영하거나 인터넷에 게재하는 경우, 언론기관이 보도 목적으로 사진 또는 영상물을 부분 편집하여 전시 · 전달 · 상영하거나 인터넷에 게재하는 경우 및 신고 또는 제보의 목적으로 기관 또는 단체에 사진 또는 영상물을 전달하는 경우에는 제외합니다.

- 도박을 목적으로 동물을 이용하거나 도박 · 시합 · 복권 · 오락 · 유흥 · 광고 등의 상이나 경품으로 동물을 제공하는 행위

- 도박 · 시합 · 복권 · 오락 · 유흥 · 광고 등의 상이나 경품으로 동물을 제공하는 행위
  → 다만, 「사행산업통합감독위원회법」에 따른 사행산업은 제외합니다.

- 영리를 목적으로 동물을 대여하는 행위
  → 다만, 장애인 보조견을 대여하는 경우, 촬영, 체험 또는 교육을 위하여 동물을 대여하는 경우는 제외합니다.

동물학대를 신고할 수 있는 곳

지방자치단체장 또는 동물보호센터

누구든지 학대를 받는 동물을 발견한 경우에는 관할 지방자치단체의 장 또는 동물보호센터에 신고할 수 있습니다(「동물보호법」 제16조 제1항 제1호).

또한 다음에 해당하는 사람은 그 직무상 학대받는 동물을 발견한 경우에는 지체 없이 관할 지방자치단체의 장 또는 동물보호센터에 신고해야 합니다(「동물보호법」 제16조 제2항).

- 「민법」 제32조에 따른 동물보호를 목적으로 하는 법인과 「비영리민간단체 지원법」 제4조에 따라 등록된 동물보호를 목적으로 하는 단체의 임원 및 회원 「동물보호법」 제15조 제1항에 따라 설치되거나 동물보호센터로 지정된 기관의 장과 그 종사자
- 동물실험윤리위원회를 설치한 동물실험시행기관의 장과 그 종사자
- 동물실험윤리위원회의 위원
- 동물복지축산농장으로 인증을 받은 사람
- 동물장묘업(動物葬墓業), 동물판매업, 동물수입업, 동물전시업, 동물위탁관리업, 동물미용업, 동물운송업으로 등록하여 영업하는 사람과 종사자, 동물생산업의 허가를 받아 영업하는 사람과 그 종사자
- 수의사, 동물병원의 장과 그 종사자

동물학대를 신고 또는 제보를 목적으로 국가기관, 지방자치단체, 「동물보호법 시행령」 제5조에 따른 동물보호를 목적으로 하는 법인이나 비영리민간단체 또는 언론기관에 동물학대 행위를 촬영한 사진 또는 영상물을 전달하는 경우에는 예외적으

로 동물학대 행위를 촬영한 사진 또는 영상물을 상영하거나 인터넷에 게재할 수 있습니다(「동물보호법」 제8조 제5항 제1호 단서, 「동물보호법 시행규칙」 제4조 제7항 제3호).

경찰서

누구든지 동물을 학대 등을 목격한 경우 범행 입증 자료 등을 준비해 가까운 경찰서(지구대·파출소·출장소를 포함) 또는 자지경찰단 사무소(제주특별자치도의 경우)에 신고하시거나 경찰청 민원포털 국민신문고 범죄신고/제보(https://minwon.police.go.kr/), 일반범죄신고로 신고하면 됩니다.

학대행위자에 대한 처벌

반려동물을 「동물보호법」 제8조 제1항부터 제3항까지를 위반하여 학대하면 2년 이하의 징역 또는 2천만 원 이하의 벌금에 처해집니다(「동물보호법」 제46조 제1항 제1호).

다음 중 어느 하나에 해당하는 사람은 300만 원 이하의 벌금에 처해집니다(「동물보호법」 제46조 제3항 제1호 · 제2호 · 제3호).

- 동물학대 행위 사진 또는 영상물을 판매 · 전시 · 전달 · 상영하거나 인터넷에 게재한 사람
- 도박을 목적으로 동물을 이용하거나 도박 · 시합 · 복권 · 오락 · 유흥 · 광고 등의 상이나 경품으로 동물을 제공한 사람
- 영리를 목적으로 동물을 대여한 사람

맹견을 유기한 소유자와 소유자를 위해 반려동물의 양육 · 관리 또는 보호에 종사하는 사람(이하 "소유자 등"이라 함)은 2년 이하의 징역 또는 2천만 원 이하의 벌금에 처해집니다(「동물보호법」 제46조 제2항 제1호의2)

반려동물을 유기한 소유자와 소유자를 위해 반려동물의 양육 · 관리 또는 보호에 종사하는 사람(이하 "소유자 등"이라 함)은 300만 원 이하의 과태료를 부과받습니다(「동물보호법」 제47조 제1항 제1호, 「동물보호법 시행령」 제20조 제1항 및 별표).

양벌규정

　　법인의 대표자나 법인 또는 개인의 대리인, 사용인, 그 밖의 종업원이 그 법인 또는 개인의 업무에 관하여 「동물보호법」 제46조에 따른 위반행위를 하면 그 행위자를 벌하는 외에 그 법인 또는 개인에게도 벌금형을 과합니다. 다만, 법인 또는 개인이 그 위반행위를 방지하기 위하여 해당 업무에 관하여 상당한 주의와 감독을 게을리하지 아니한 경우에는 그렇지 않습니다(「동물보호법」 제46조의2).

학대받은 반려동물에 대한 조치

　　반려동물에 대한 학대행위 등이 이루어지고 있다는 신고가 접수되면 관할 지방자치단체장은 다음의 조치를 취할 수 있습니다(「동물보호법」 제39조 제1항 제3호, 제14조 제1항, 「동물보호법 시행규칙」 제46조 제1호, 제14조).

- 동물학대 행위를 중지하는 명령
  - → 동물학대 행위를 중지하는 시정명령을 이행하지 않는 소유자 등은 100만 원 이하의 과태료를 부과받습니다(「동물보호법」 제47조 제2항 제13호, 「동물보호법 시행령」 제20조 제1항 및 별표 제2호 머목).

- 소유자로부터 학대를 받아 적정하게 치료·보호받을 수 없다고 판단되는 동물은 3일 이상 소유자로부터 격리하여 치료·보호

제16장

동물보호(명예)감시원

(반려)동물보호(명예)감시원의 자격, 위촉, 직무, 권한, 해촉 등에 관해서 설명합니다.

동물보호감시원의 자격

농림축산식품부장관, 농림축산검역본부장, 특별시장·광역시장·도지사 및 특별자치도지사, 시장·군수·구청장(자치구의 구청장을 말함)·특별자치시장이 동물보호감시원을 지정할 때에는 다음 중 어느 하나에 해당하는 소속 공무원 중에서 동물보호감시원을 지정해야 합니다(「동물보호법」 제40조 제1항, 「동물보호법 시행령」 제14조 제1항 및 제2항).

- 수의사 면허가 있는 사람
- 축산기술사, 축산기사, 축산산업기사 또는 축산기능사 자격이 있는 사람
- 수의학·축산학·동물관리학·애완동물학·반려동물학 등 동물의 관리 및 이용 관련 분야, 동물보호 분야 또는 동물복지 분야를 전공하고 졸업한 사람
- 그 밖에 동물보호·동물복지·실험동물 분야에 관련된 사무에 종사한 경험이 있는 사람

동물보호감시원의 직무

동물보호감시원은 다음의 직무를 수행합니다(「동물보호법」 제40조 제2항 및 「동물보호법 시행령」 제14조 제3항).

- 동물의 적정한 양육·관리에 대한 교육 및 지도
- 동물학대행위의 예방, 중단 또는 재발방지를 위한 조치

- 동물의 적정한 운송과 반려동물 전달 방법에 대한 지도
- 동물의 도살방법에 대한 지도
- 등록대상동물의 등록 및 등록대상동물의 관리에 대한 감독
- 동물보호센터의 운영에 관한 감독
- 동물복지축산농장으로 인증 받은 농장의 인증기준 준수 여부 감독
- 동물장묘업, 동물판매업, 동물수입업, 동물전시업, 동물위탁관리업, 동물미용업, 동물운송업의 시설·인력 등 등록사항, 준수사항, 교육 이수 여부에 관한 감독
- 동물생산업의 허가사항, 준수사항, 교육 이수 여부에 관한 감독
- 「동물보호법」 제39조에 따른 조치, 보고 및 자료제출 명령의 이행 여부 등에 관한 확인·지도
- 동물보호명예감시원에 대한 지도
- 그 밖에 동물의 보호 및 복지 증진에 관한 업무

동물보호감시원의 권한

동물보호감시원은 소속 관서 관할 구역에서 발생하는 「동물보호법」에 규정된 범죄에 관하여 수사할 수 있는 사법경찰관의 직무를 수행합니다(「사법경찰관리의 직무를 수행할 자와 그 직무범위에 관한 법률」 제5조 제42호의2, 제6조 제39호의2).

동물보호감시원의 직무방해 등 금지

동물특성에 따른 출산, 질병 치료 등 부득이한 사유가 없는 한 누구든지 동물보호감시원의 직무 수행을 거부·방해 또는 기피해서는 안 됩니다(「동물보호법」 제40조 제4항).

☞ 동물보호감시원의 직무 수행을 거부·방해 또는 기피한 사람은 100만 원 이하의 과태료를 부과받습니다 (「동물보호법」 제47조 제2항 제15호, 「동물보호법 시행령」 제20조 제1항 및 별표 제2호 서목).

동물보호명예감시원의 자격 및 위촉

농림축산식품부장관, 특별시장 · 광역시장 · 도지사 및 특별자치도지사(이하 "시 · 도지사"라 함), 시장 · 군수 · 구청장(자치구의 구청장을 말함) · 특별자치시장이 동물보호명예감시원을 위촉할 때에는 다음 중 어느 하나에 해당하는 사람으로서 「동물보호명예감시원 운영규정」(농림축산식품부고시 제2016-61호, 2016. 6. 30. 일부개정) 제5조의 교육과정을 마친 사람을 명예감시원으로 위촉해야 합니다(「동물보호법」 제41조 제1항, 「동물보호법 시행령」 제15조 제1항).

- 동물보호를 목적으로 하는 법인 또는 비영리민간단체로부터 추천받은 사람
- 수의사 면허가 있는 사람
- 축산기술사, 축산기사, 축산산업기사 또는 축산기능사 자격이 있는 사람
- 수의학 · 축산학 · 동물관리학 · 애완동물학 · 반려동물학 등 동물의 관리 및 이용 관련 분야, 동물보호 분야 또는 동물복지 분야를 전공하고 졸업한 사람
- 그 밖에 동물보호 · 동물복지 · 실험동물 분야에 관련된 사무에 종사한 경험이 있는 사람
- 동물보호에 관한 학식과 경험이 풍부하고, 명예감시원의 직무를 성실히 수행할 수 있는 사람

동물보호명예감시원의 교육 이수

　　동물보호명예감시원이 되려면 직무수행에 관해 필요한 교육과정을 이수해야 하는데, 교육의 내용은 다음과 같습니다[「동물보호명예감시원 운영규정」(농림축산식품부 고시 제2016-61호, 2016. 6. 30. 일부개정) 제5조 제1항].

- 동물보호법령
- 동물보호ㆍ복지 정책의 이해
- 안전하고 위생적인 동물 양육, 관리 및 질병 예방
- 동물복지이론 및 국제동향
- 그 밖에 동물의 구조, 관계법령 등 동물보호, 복지에 관한 사항

　　동물보호명예감시원으로 위촉받고자 하는 사람은 위의 교육을 6시간 이상 받아야 합니다(「동물보호명예감시원 운영규정」 제5조 제3항).

동물보호명예감시원의 위촉 및 활동기간

농림축산검역본부장, 시·도지사 또는 시장·군수·구청장(자치구의 구청장을 말함)은 매 분기 시작 10일 이내에 동물보호명예감시원의 자격을 충족한 자 중 적격자를 선정하여 동물보호명예감시원으로 위촉합니다(「동물보호명예감시원 운영규정」 제2조 제2항).

동물보호명예감시원의 활동기간은 위촉일로부터 3년이며, 특별한 사유가 없는 경우 위촉기간 만료 후에 재위촉할 수 있습니다(「동물보호명예감시원 운영규정」 제3조 제1항).

동물보호명예감시원의 직무

동물보호명예감시원은 다음의 직무를 수행합니다(「동물보호법」 제41조 제2항 및 「동물보호법 시행령」 제15조 제3항).

- 동물보호 및 동물복지에 관한 교육·상담·홍보 및 지도
- 동물학대행위에 대한 신고 및 정보 제공
- 동물보호감시원의 직무 수행을 위한 지원
- 학대받는 동물의 구조·보호 지원

동물보호명예감시원의 해촉

동물보호명예감시원이 ① 사망·질병 또는 부상 등의 사유로 직무 수행이 곤란하게 된 경우 ② 그 직무를 성실히 수행하지 않거나 ③ 직무와 관련해 부정한 행위를 하면 위촉을 해제할 수 있습니다(「동물보호법」 제41조 제2항 및 「동물보호법 시행령」 제15조 제2항).

제17장

반려동물의 장례

반려동물의 매장, 화장, 장례 및 납골, 말소신고 등에 대해서 설명합니다.

반려동물의 수명(연령표)[26]

반려견의 평균 수명은 12년입니다. 하지만 견종에 따른 편차가 있으며 대체적으로 크기가 작은 반려견들의 수명이 큰 강아지에 비해 짧습니다. 반려견의 나이와 사람나이를 대략적으로 비교하여 살펴보겠습니다.

기준	반려견	사람
수유기	20일	0세
		1세
유아기	30일	2세
	60일	3세
소년기	80일	4세
	100일	5세
청년기	200일	10세
	300일	15세
	1년	18세
	1.5년	20세
	2년	22세

---

26 국립축산과학원 – 반려동물(http://www.nias.go.kr/companion/index.do) 참조.

기준	반려견	사람
청년기	3년	26세
	4년	30세
	5년	34세
장년기	6년	38세
	7년	42세
	8년	46세
	9년	50세
노년기	10년	54세
	11년	58세
	12년	62세
	13년	66세
	14년	70세
	15년	74세

동물병원에서 죽은 경우

반려동물이 동물병원에서 죽은 경우에는 의료폐기물로 분류되어 동물병원에서 자체적으로 처리되거나 폐기물처리업자 또는 폐기물처리시설 설치 · 운영자 등에게 위탁해서 처리됩니다(「폐기물관리법」제2조 제4호 · 제5호, 제18조 제1항, 「폐기물관리법 시행령」별표1 제10호 및 별표2 제2호 가목, 「폐기물관리법 시행규칙」별표3 제6호).

반려동물의 소유자가 원할 경우 병원으로부터 반려동물의 사체를 인도받아 「동물보호법」제33조 제1항에 따른 동물장묘업의 등록한 자가 설치 · 운영하는 동물장묘시설에서 처리할 수 있습니다(「동물보호법」제22조 제3항 참조).

동물병원 외의 장소에서 죽은 경우

반려동물이 동물병원 외의 장소에서 죽은 경우에는 생활폐기물로 분류되어 해당 지방자치단체의 조례에서 정하는 바에 따라 생활쓰레기봉투 등에 넣어 배출하면 생활폐기물 처리업자가 처리하게 됩니다(「폐기물관리법」제2조 제1호 · 제2호, 제14조 제1항 · 제2항 · 제5항, 「폐기물관리법 시행령」제7조 제2항, 「폐기물관리법 시행규칙」제14조 및 별표5 제1호).

동물병원에서 죽은 경우

반려동물이 동물병원에서 죽은 경우에는 동물병원에서 처리될 수 있는데, 소유자가 원하면 반려동물의 사체를 인도받아 동물장묘업의 등록을 한 자가 설치·운영하는 동물장묘시설에서 화장할 수 있습니다(「폐기물관리법」 제18조 제1항, 「폐기물관리법 시행령」 제7조 제2항, 「폐기물관리법시행규칙」 제14조 및 별표5 제5호 가목).

동물병원 외의 장소에서 죽은 경우

반려동물이 동물병원 외의 장소에서 죽은 경우에는 소유자는 동물장묘업의 등록을 한 자가 설치·운영하는 동물장묘시설에 위탁해 화장할 수 있습니다(「동물보호법 시행규칙」 제36조 제1호 나목).

반려동물의 장례와 납골도 동물장묘업의 등록을 한 자가 설치 · 운영하는 동물 장묘시설에 위임할 수 있습니다(「동물보호법 시행규칙」 제36조 제1호).

'동물장묘업자'란 동물전용의 장례식장 · 화장장 또는 납골시설을 설치 · 운영 하는 자를 말하며, 필요한 시설과 인력을 갖추어서 시장 · 군수 · 구청장(자치구의 구 청장을 말함)에 동물장묘업 등록을 해야 합니다(「동물보호법」 제32조 제1항 제1호, 제33조 제1항, 「동물보호법 시행규칙」 제35조 제2항, 별표9).

위임 시 확인사항

• 동물장묘업 등록 여부 확인해야 합니다.

– 동물장묘업은 필요한 시설과 인력을 갖추어서 시장·군수·구청장에 동물장묘업
 등록을 해야 하므로 반드시 시·군·구에 등록된 업체인지 확인해야 합니다(「동물
 보호법」 제32조 제1항 제1호, 제 33조 제1항, 「동물보호법 시행규칙」 제35조 제2항, 별표9).

– 동물장묘업자에게는 일정한 준수의무가 부과(「동물보호법」 제36조, 「동물보호법 시행규칙」
 제43조 및 별표10)되기 때문에 동물장묘업 등록이 된 곳에서 반려동물의 장례·화장·납
 골을 한 경우에만 나중에 분쟁이 발생했을 때 훨씬 대처하기 쉬울 수 있습니다.

– 동물장묘업 등록 여부는 영업장 내에 게시된 동물장묘업 등록증으로 확인할 수
 있습니다(「동물보호법 시행규칙」 제37조 제4항, 제43조. 별표10 제1호 가목. 별지 제16호
 서식).

• 또한 동물장묘업자마다 장례. 화장. 납골이 구분되어 있으니 시설 보유 여부를 확인
 해야 합니다.

☞ 이를 위반해서 동물장묘업가 동물장묘업 등록을 하지 않고 영업하면 500만 원 이하
 의 벌금에 처해집니다(「동물보호법」 제46조 제2항 제2호).

동물등록된 반려동물 말소신고

    동물등록이 되어 있는 반려동물이 죽은 경우에는 다음의 서류를 갖추어서 반려동물이 죽은 날부터30일 이내에 동물등록 말소신고를 해야 합니다(「동물보호법」 제12조 제2항 제2호, 「동물보호법시행규칙」 제9조 제1항 제4호 및 제2항).

1. 동물등록 변경신고서(「동물보호법 시행규칙」 별지 제1호서식)
2. 동물등록증
3. 등록동물의 폐사 증명서류

☞ 이를 위반하여 정해진 기간 내에 신고를 하지 않은 소유자는 50만 원 이하의 과태료를 부과받습니다(「동물보호법」 제47조 제3항 제1호, 「동물보호법 시행령」 제20조 제1항 및 별표 제2호 바목).

제18장

반려동물의 사체처리

반려동물의 사체처리에 있어서 금지행위인 사체투기 금지,
위반 시 제재, 임의 매립 및 소각 금지 등에 대해서 설명합니다.

사체투기 금지

반려동물이 죽으면 사체를 함부로 아무 곳에나 버려서는 안 됩니다(「경범죄 처벌법」 제3조 제1항 제11호, 「폐기물관리법」 제8조 제1항).

특히 공공수역, 공유수면, 항만과 같이 공중위해상 피해발생 가능성이 높은 장소에 버리는 행위는 금지됩니다(「물환경보전법」 제15조 제1항 제2호, 「공유수면 관리 및 매립에 관한 법률」 제5조 제1호, 「항만법」 제22조 제1호).

- '공공수역'이란 하천, 호수와 늪, 항만, 연안해역, 그 밖에 공공용으로 사용되는 수역과 이에 접속하여 공공용으로 사용되는 지하수로, 농업용 수로, 하수관로, 운하를 말합니다(「물환경보전법」 제2조 제9호, 「물환경보전법 시행규칙」 제5조).
- '공공수면'이란 다음의 것을 말합니다(「공유수면 관리 및 매립에 관한 법률」 제2조 제1호).
  - 바다: 「공간정보의 구축 및 관리 등에 관한 법률」 제6조 제1항 제4호에 따른 해안선으로부터 「배타적 경제수역 및 대륙붕에 관한 법률」에 따른 배타적 경제수역 외측 한계까지의 사이
  - 바닷가: 「공간정보의 구축 및 관리 등에 관한 법률」 제6조 제1항 제4호에 따른 해안선으로부터 지적공부(地籍公簿)에 등록된 지역까지의 사이
  - 하천 · 호수와 늪 · 도랑, 그 밖에 공공용으로 사용되는 수면 또는 수류(水流)로서 국유인 것
- '항만'이란 선박의 출입, 사람의 승선 · 하선, 화물의 하역 · 보관 및 처리, 해양친수활동 등을 위한 시설과 화물의 조립 · 가공 · 포장 · 제조 등 부가가치 창출을 위한 시설이 갖추어진 곳을 말합니다(「항만법」 제2조 제1호).

위반 시 제재

이를 위반해서 반려동물의 사체를 아무 곳에나 버리면 10만 원 이하의 벌금·구류·과료형에 처해지거나 5만 원의 범칙금 또는 100만 원 이하의 과태료를 부과받습니다(「경범죄 처벌법」 제3조 제1항 제11호, 제6조 제1항, 「경범죄 처벌법 시행령」 제2조 및 별표, 「폐기물관리법」 제68조 제3항 제1호).

특히 공공수역에 버리면 1년 이하의 징역 또는 1천만 원 이하의 벌금에 처해지고(「물환경보전법」 제78조 제3호), 공유수면에 버리면 3년 이하의 징역 또는 3천만 원 이하의 벌금에 처해지며(「공유수면관리 및 매립에 관한 법률」 제62조 제1호), 항만에 버리면 2년 이하의 징역 또는 2천만 원 이하의 벌금에 처해집니다(「항만법」 제97조 제3호).

임의매립 및 소각 금지

동물의 사체는 「폐기물관리법」에 따라 허가 또는 승인받거나 신고된 폐기물처리시설에서만 매립할 수 있으며, 폐기물처리시설이 아닌 곳에서 매립하거나 소각하면 안 됩니다(「폐기물관리법」 제8조 제2항 본문).

다만, 다음의 지역에서는 해당 특별자치시, 특별자치도, 시·군·구의 조례에서 정하는 바에 따라 소각이 가능합니다(「폐기물관리법」 제8조 제2항 단서, 「폐기물관리법 시행규칙」 제15조 제1항).

1. 가구 수가 50호 미만인 지역
2. 산간·오지·섬지역 등으로서 차량의 출입 등이 어려워 생활폐기물을 수집·운반하는 것이 사실상 불가능한 지역

☞ 이를 위반하면 100만 원 이하의 과태료를 부과받습니다(「폐기물관리법」 제68조 제3항 제1호, 「폐기물관리법 시행령」 제38조의4 및 별표8 제2호 가목).

반려동물과 함께 살아가면서 꼭 알아야 할

견(犬)생법률

초판발행	2021년 1월 7일
지은이	이진홍
펴낸이	노 현
편 집	정은희
기획/마케팅	김한유
표지디자인	BEN STORY
제 작	고철민 · 조영환
펴낸곳	㈜피와이메이트
	서울특별시 금천구 가산디지털2로 53 한라시그마밸리 210호(가산동)
	등록 2014.2.12. 제2018-000080호(倫)
전 화	02) 733-6771
f a x	02) 736-4818
e-mail	pys@pybook.co.kr
homepage	www.pybook.co.kr
ISBN	979-11-6519-125-2 03490

정 가   12,000원

박영스토리는 박영사와 함께하는 브랜드입니다.